기후환경, 바이오를 만나다

All rights reserved.
All the contents in this book are protected by copyright law.
Unlawful use and copy of these are strictly prohibited.
Any of questions regarding above matter, need to contact 나녹那碌.

이 책에 수록된 모든 콘텐츠는 저작권법에 의해 보호받는 저작물이므로 무단전재와 무단복제를 금합니다.
나녹那碌 (nanoky@naver.com)으로 문의하기 바랍니다.

전지구적 기후위기, 생태파괴, 플라스틱 환경재난 상황에서
지속가능한 삶을 위한 해결방향과 바이오기술

기후환경, 바이오를 만나다

펴낸 곳 | 나녹那碌
펴낸이 | 형난옥
지은이 | 유영제
기획 | 형난옥
편집 | 김보미
디자인 | 김용아
표지디자인 | 유신영
초판 인쇄 | 2022년 10월 28일
초판 발행 | 2022년 10월 30일
등록일 | 제 300-2009-69호 2009. 06. 12
주소 |서울시 종로구 평창 21길 60번지
전화 | 02- 395- 1598 팩스 | 02- 391- 1598

ISBN 979-11-91406-20-7   93530

지은이 이메일 yjyoo@snu.ac.kr

[전지구적 기후위기, 생태파괴, 플라스틱 환경재난 상황에서
지속가능한 삶을 위한 해결방향과 바이오기술]

기후환경
바이오를 만나다

나녹
那碌

머리말
기후위기, 플라스틱, 생태계 그리고 바이오기술

출판사에 환경 관련 책을 쓰고 싶다고 했더니 환경 책은 세상에 넘쳐나는데 어떻게 다르게 쓸 것인지 물었다. 기술의 역할을 포함하여 경제와 사회가 어우러지는 콘서트의 중요성을 강조하겠다고 했다.

나는 환경운동가나 기후학자는 아니다. 바이오공학 분야의 교수이다. 그러나 오래전 기업에 근무했을 때부터 환경 이슈를 다루어왔고 대학에서는 환경관련 강의도 하고 환경바이오분야 연구도 하면서 환경의 중요성을 느끼고 문제점을 알게 되었다. 최근, 환경 문제가 더욱 심각해져 위기 상황이라고 절감하게 되었다.

지구 환경의 심각성이 본격적으로 거론되기 시작한 것은 저자가 대학에 다니던 1970년대 초 로마클럽에서 「성장의 한계」 보고서를 발표하면서부터로 생각된다. 세계의 지도자들이 로마클럽에서 다가올 지구 환경의 문제를 제기하였다. 그 당시만 해도 환경은 그리 중요한 이슈는 아니었지만, 저자의 지적호기심을 끌어당긴 신선한 주제였다. 그로부터 50년이 지났지만 문제가 해결되기는커녕 더 심각해지고 있다. 지금까지는 환경 이슈를 부수적인 것으로 생각하는 이가 많다. 늦었지만, 이제는 매우 심각하게 받아들이기 시작하였다.

코로나19 이후 음식이나 식재료를 주문하면 플라스틱 용기가 넘쳐

난다. 그릇을 가지고 가서 음식을 담아오거나 카페에 가서 커피 주문할 때 텀블러를 사용하는, 플라스틱제로 세상이 새로운 생활 문화 이슈이다. 미세플라스틱이 심각한 환경문제가 되고 있다. 플라스틱으로 인한 환경문제를 해결하는 생분해성플라스틱이 새로운 비즈니스의 기회이다.

탄소 중립이 이슈가 되면서 환경에 대한 걱정이 많아졌다. 최근에는 사우디아라비아가 태양광을 접고 원자력발전소를 건설한다. 기후변화에 대비하는 기술이 새로운 산업과 먹거리가 되는 세상이다. 생태계를 걱정한다. 생태계를 보전하는 것도 비즈니스가 된다. 친환경이 인터넷보다 더 큰 산업이라고 한다. 이러한 산업을 이끌 핵심 기술이 무엇인지 궁금하다.

환경 문제는 과거에는 대기, 수질, 토양, 해양 오염 등 지역적인 이슈로 생각되었으나 1980년대에 오존층 이슈가 부각되면서 지구적인 이슈가 되었다. 최근에는 기후 변화 이슈가 부각되면서 환경 문제 전체가 심각한 글로벌한 이슈가 되었다. 우리나라는 세계 10대 경제 규모의 국가이다. 석유화학은 세계 5위이다. 이산화탄소 배출량도 세계 10위이다. 이러다보니 우리나라에서도 환경이 중요한 국가 이슈가 되었다.

국제사회가 환경을 이슈로 하나로 움직이기 시작했다. 1990년대부터 기후변화는 국제회의의 아젠다였다. 2016년이 되어 파리 조약이 맺어졌고 2021년 글래스고 기후회의에서 2000년대 중반까지 탄소중립 목표를 달성하자고 하고 있다. 그러나 실천이 쉽지 않고, 실천이 되더라도 지구 온난화가 멈출 것이라는 기대는 하기 어렵다.

환경을 보전하려면 경제 성장이 느려질 수 있다. 그럼에도 기업들은 친환경 경영, 사회적 책임을 강조한다. 단순한 캐치프레이즈가 아니라 새로운 기회로 받아들이고 있다. 정부의 의지와 지원이 필요한데 한계가 있고 또 환경 산업을 성장 동력으로 만드는 것도 현 상황에서는 쉽지 않다.

그러다가 오존층 이야기를 접하게 되면서 임팩트있는 기술의 연구가 환경 보전의 시작이고 환경단체, 기업, 정부, 국제기구의 협력이 뒷받침되면 환경이 보전되고 이것은 세상의 변화로 연결될 수 있겠구나 라는 생각을 하였다. 이러한 생각을 공유하는 것이 필요하다고 생각하여 원고를 쓰기로 하였다. 이 책은 정책제안서가 아니다. 과학기술교과서도 아니다. 환경에 대한 청소년과 시민을 포함한 독자의 종합적이고 균형된 이해를 돕고 독자와 미래의 비전을 공유하기 위하여 썼다.

환경에 관련된 도서는 많다. 최근에는 주로 기후변화와 관련된 도서가 많이 출판되었다. 기후변화가 시급한 이슈이겠으나 플라스틱과 생태계 등의 문제도 심각하다. 기후변화뿐 아니라 지구 환경과 관련된 전체적인 문제의 해결에는 기술이 중요한 역할을 한다. 특히 바이오기술이 중요한 역할을 담당한다. 그러나 기술만으로 해결되는 것은 아니다. 우리의 환경에 대한 의식과 사회의 변화가 동반되어야 한다.

　이야기의 전개상 지구 환경 문제에 대한 일반적인 내용은 환경에 관심있는 이들이라면 상식적인 이야기가 되었다. 초중등학교에서도 환경의 중요성에 대하여 인지하고 모두가 환경 보전을 생활 속에서 실천할 수 있도록 교육하고 있고, 매스컴을 통하여 지구 환경 문제의 심각성을 다 공유하고 있기 때문이다. 개략적인 내용이나 세부적인 데이터는 인터넷을 검색하면 알 수 있다. 그래서 단편적인 내용을 자세히 기술하는 대신 저자의 경험, 사례, 생각할 이슈를 정리하고 관계자와 인터뷰를 하여 생동감있는 다양한 목소리를 전하고자 하였다. 어떤 이슈는 아직 해결책이 제시되지 않았다. 그러나 중요하여 있는 그대로 문제를 제기했다.

　1부에서는 오존층 이슈에 대한 경험으로부터 희망을 찾은 배경과 환경문제의 시작에 대하여 살펴보았다. 2, 3부에서는 중요한 지구환경 이슈에 대하여 기술개발 동향과 비즈니스 변화를 살펴보고 기술개발과 위기 극복을 위한 환경 관련 당사자들의 역할을 논하였다. 그리고 4부에서 기술의 한계를 생각하면서 생활 문화, 사회의 변화 가능성을 그려보았다.

　앞으로 10-20년이 지구환경이 인류의 미래에 매우 중요하다. 이것은 세상을 크게 바꾸어 놓을 것이다. 환경위기 극복을 위해서 우리가 할 일을 생각하면서, 세상의 변화를 생각하면서 함께 준비하고 행동해야 한다.

인터뷰에 응해 주신 이호용 교수, 송봉근 박사, 장수영 교수, 장형태 사장, 김용환 교수, 이경선 교수, 우연택 씨에게 감사드린다. 원고 작성에 도움을 주신 박경문 교수, 신선경 교수, 김은기 교수, 이경선 교수, 연영주 교수, 우연택 씨 그리고 원고를 읽고 소감을 이야기해 준 청소년과 대학생들에게 감사한다. 그리고 도서 집필을 제안하시고 출판을 가능하게 해주신 출판사 대표와 관계자분들께 감사드린다.

2022. 7
지은이 유영제

차례

머리말 기후위기, 플라스틱, 생태계 그리고 바이오기술 /5

제1부   인류의 위기 : 희망을 찾아서

1. 희망을 발견하다 /17

2. 환경 문제의 시작 /22

제2부   세상이 바뀌고 있다 - 기술이 만드는 새로운 비즈니스

1. 플라스틱 문명이 바뀐다 /33

    1.1 생분해성 플라스틱을 사용한다 /34

    1.2 미세 플라스틱 문제를 해결한다 /45

    1.3 플라스틱제로 사회가 된다 /50

    1.4 플라스틱 쓰레기 처리가 비즈니스가 된다 /55

2. 에너지 산업이 기후변화를 바로 잡는다 /60

    2.1 이산화탄소 발생을 줄이는 기술이 제조업을 바꾼다 /66

    2.2 새로운 방식으로 전기를 생산한다 /77

    2.3 자동차는 이미 바뀌고 있다 /85

    2.4 이산화탄소를 변환하는 기술이 필수이다 /88

    2.5 메탄가스로 소재를 생산한다 /94

3. 생태계 중요성을 실감한다 /98

    3.1 물 부족이 심화된다 /98

    3.2 생태계 보전이 감염병을 막는다 /118

    3.3 쓰레기를 활용하는 비즈니스가 뜬다 /123

    3.4 깨끗한 먹거리를 찾는다 /128

제3부　　기술개발과 위기극복을 위한 당사자의 역할

1. 기술 개발 : 기업 변화의 시작　/139
　　1.1 독일의 바스프는 어떤 사업을 할까　/139
　　1.2 경제적 동기부여가 기업을 바꾼다　/145
　　1.3 ESG 경영이 대세이다　/148

2. 정책과 규제가 바뀐다　/152
　　2.1 온산공단의 기억　/152
　　2.2 정부의 정책이 강화된다　/154
　　2.3 예산 배정이 현실적인 이슈이다　/162

3. 환경단체가 강해진다　/163
　　3.1 환경단체에 가입하다　/163
　　3.2 환경단체의 역할이 강화된다　/166

4. 문제를 해결하는 국제협약　/171
　　4.1 중국, 인도를 참여시켜야　/171
　　4.2 국제기구의 특징을 이해한다　/174
　　4.3 개도국의 입장을 생각한다　/177

5. 문제 해결은 인재가 한다　/180
　　5.1 신기술 개발 경험　/180
　　5.2 환경교육은 융복합 교육이 바람직하다　/182
　　5.3 관련 전공과 직업　/186

제4부   **세상이 변화되어야**

1. 과학기술이 만능인가?   */195*

      1.1 기술개발 전략이 필요하다   /195

      1.2 재난에 대비한다   /201

2. 적정 사회로 간다   */205*

      2.1 적정 생활 문화로 바꿔야   /205

      2.2 적정 기술이 필요하다   /210

3. 가치관을 바꾼다   */218*

      3.1 모두의 역할이 중요하다   /218

      3.2 인본주의 세상을 꿈꾸며   /222

참고 도서/자료   227

찾아보기   228

제1부

인류의 위기, 희망을 찾아서

세상이 빨리 변하고 있다. 인공지능시대가 왔다고 떠들썩했던 게 몇 년 안 되는데 이제는 메타버스와 아바타가 세상을 바꾼다고 한다. 메타버스(가상세계)에서 물건을 사고 게임을 하고 가상화폐를 사용한다. 나의 아바타가 있는 메타버스 공간에서 회의를 하고 공부하는 세상이 되고 있다.

이런 지경이니 환경문제는 오래된 골동품 같은 이미지로 다가온다. 그러나 뉴스에는 기후변화가 심각하다고 하고 심심치 않게 거북이와 고래가 플라스틱으로 고생하고 죽어가는 장면이 나온다. 환경문제는 총체적 위기이다. 방관할 수 있는 시간은 지나갔다.

1부에서는 오존층 이슈를 예로 들어 환경문제의 해결 가능성을 찾아보고 환경문제가 왜 이렇게 심각하게 되었는지 배경을 살펴보고자 한다.

1 희망을 발견하다

현재 환경은 총체적 위기이다. 미세플라스틱에 오염된 생선이 식탁에 올라오기 시작하였고 지구온난화는 무척 심각하다. 육지가 물에 잠기고 무더운 여름으로 고생하고 있으며 아프리카 등에서는 비가 내리지 않아 물이 부족하다. 지금까지 제기된 플라스틱 쓰레기, 기후변화를 포함한 지구 환경 파괴를 정지시키고 궁극적으로는 환경을 회복시킬 수 있을까? 이에 대하여 지금까지 제시된 방안들에 대하여 생각하면, 산업 시스템이 쉽게 바뀌지 않을 것이고 정부로서는 환경보전과 경제발전 사이에서 고민하게 될 것이고 그리고 환경단체의 역할도 제한적이니 한 마디로 희망은 없다고 생각하였다. 그러다가 최근 오존층 파괴의 원인으로 알려진 프레온가스의 경우를 알게 되면서 희망을 보게 되었다.

기술개발이 해결한 오존층 이슈

1980년대 후반 매스컴에서는 자외선을 흡수하는 성층권의 오존층이 파괴되고 있다는 보도가 주를 이루었다. 우리가 배출하는 프레온(Freon)가스[1]가 성층권의 오존층을 파괴하여 성층권의 일부가 뚫렸다.

[1] 프레온가스 : 냉장고, 에어컨 등에 냉매로 사용되는 불소화합물

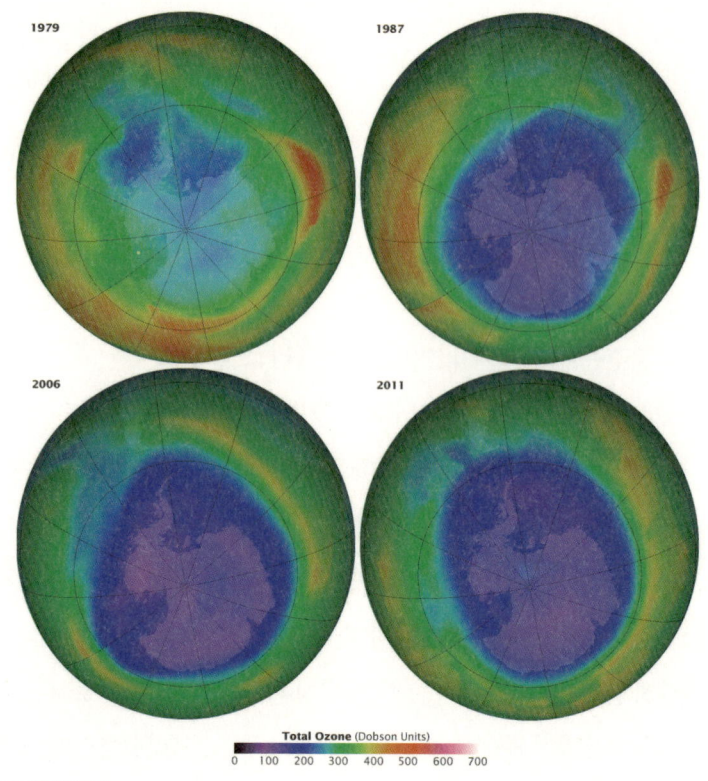

남극 오존층 구멍
1970년대 말부터 최근까지 NASA위성이 관측한 남극의 오존층. 오존층 파괴를 중지하기로 한 국제협약의 효과를 알 수 있다.

더 진행되면 오존층의 파괴가 심해져 우주에서 오는 방사선을 막지 못하고 그러면 인류가 질병에 걸리는 무서운 재앙이 온다는 것이었다. 원인은 냉장고 등에 사용하는 프레온가스이니 그 사용을 금지하여야 한다는 것이다. 그 당시 전 세계의 유수 기업들이 프레온 대체품 개발에 열을 올렸으며 우리나라의 한국과학기술연구원(KIST)에서도 대체품 개발에 성공하였다는 뉴스가 나왔다. 오존층이 심각하다는 이슈는 선진국의 음모론이라는 이야기도 나왔지만 많은 과학자들의 주장에는 거짓이 없다고 생각되었다.

물론 오존층 이슈를 받아들이고 대비함으로서 선진국의 경제에 도움이 되었다고 생각된다. 2020년이 되니 오존층 이슈는 일반인들의 관심에서 벗어났다. 그동안 프레온 대체품이 개발되고 실용화되어 프레온의 위험성은 더 이상 이슈가 되지 않은 것이다. 아직 일부 국가에서 프레온을 사용하고 있지만 소량이라 크게 문제 삼지 않고 있다.

세부적으로는 1970년부터 오존층 이슈가 제기되고 지구적인 이슈가 되자 선진국들이 그 위험을 알리고 사용을 줄이며 대체품을 개발하는 국제적인 회의를 진행하였다.[2] 그 결과로 '오존층을 파괴시키는 물질에 대한 몬트리올 의정서 (Montreal Protocol on Substances that Deplete the Ozone Layer)'가 1987년 9월 16일에 채택되었는데 그 후 1994년 49차 유엔총회에서 그 날을 오존층 보호의 날로 지정하여 기념하고 있다. 코피 아난 (Kofi Annan) 전 유엔 사무총장은 몬트리올 의정서는 가장 성공적인 단일 국제협정이라고 평가했다.

[2] 한국정밀화학산업진흥원 홈페이지에는 오존 뉴스 등 관련 자료가 많다.

표 1.1 오존층 관련 이슈의 흐름

년대	중요 이슈
1970-1975	성층권 오존의 파괴에 대한 논문들 발표 시작
1975-1980	미국, 유럽의 기관 등에서 조사 결과 발표
1980-1985	국제적인 공감대 형성
1985-1990	국제 협약 시작 (1987 몬트리올 의정서 채택)
1990-2000	세부 지침 마련 (1994 UN 오존층 보호의 날 지정)
2000-2020	세계 각국에서 시행
2020	오존층 회복 기사 다수 보도됨

표1.1은 학자들의 논문 발표 이후 오존층이 회복된 시간을 보여주고 있다. 1970년을 기점으로 오존층이 이슈가 된 이후 빠르게 국제사회가 대응하여 1987년에 몬트리올 의정서가 채택되어 산업계가 대응했는데, 2020년이 되니 오존층이 회복되고 있다고 한다. 문제 제기에서 회복까지 50년이 걸린 것이다.

오존층에 관련된 역사를 다른 각도에서 몇 단계로 나누어 보면
　1단계 : 과학자들의 문제 제기
　2단계 : 환경단체, 관계 기관들의 문제 심각성 공감
　3단계 : 과학자와 기업의 신기술 개발로 대안을 제시
　4단계 : 정치가들이 리더십을 발휘하여 프레온 대체품 개발을 세계적인 이슈로 만들고 정책화한 것 등이 상호 연결되어 프레온 가스로 인한 오존층 파괴는 더 이상 빅 이슈가 아닌 것이다. 과학자, 환경단체, 기업, 정부, 국제기구 등이 제 역할을 한 것으로 생각된다.

그림 1.1 오존층 이슈 해결 과정

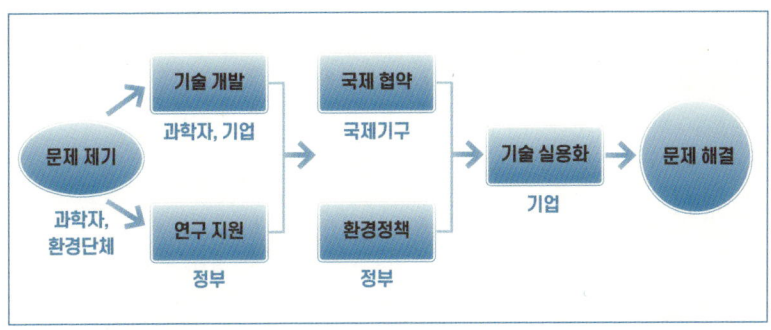

최근에는 오존층 보전이 부수적으로 지구 온난화를 섭씨 1도 정도 저감시켰다는 보도가 나오고 있다. 1.5도 목표치를 생각하면 1도는 꽤 큰 수치이다. 기후변화를 꽤 지연시킨 효과가 있었던 것이다.

오존층 이슈는 지난 50년 동안 이러한 과정을 거치면서 개선되었다. 이러한 사례를 플라스틱, 기후변화, 생태계 이슈에 적용할 수 없을까?

2 환경 문제의 시작

　50년 전에 출판된 『침묵의 봄 Silent Spring』이라는 환경 분야의 고전이 있다. 봄의 소리가 들리지 않는 것이 궁금하여 책을 썼다고 한다. 봄은 새싹이 돋아나고 새들이 지저귀어야 하는데 조용했다. 생명을 찾을 수 없었다. 살충제로 곤충이 죽고 제초제로 풀이 죽었다. 물이 오염되고 토양이 오염되면 결국은 사람에게 해가 된다. 과학기술의 오남용이 낳은 결과이다. 50년 전에 저자 레이첼 카슨(Rachel Carson)은 환경문제를 제기하고 경고했다.

　이탈리아의 실업가가 환경오염에 대한 심각성을 예측하고 1968년 30명을 모아 로마클럽을 결성하여 1972년 「성장의 한계」라는 보고서를 출간했다. 지식인의 경고였다. 환경 이슈는 장기적인 위협이라고 생각했던 결과이다. 그때부터 환경 보전에 대한 일반인들의 인식이 달라지고 환경단체가 만들어지고 정부에서도 환경문제에 관심을 두기 시작하였다. 환경부 같은 부처를 만들고 환경 규제를 강화해갔다. 친환경 정책이 시작되었다. 외국에서 수입하는 물품에 대하여도 환경이라는 관점에서 세금을 부과해갔다. 건강을 걱정하는 이들은 유기농 제품을 찾기 시작하였다. 그렇게 50년이 경과하여 2020년이 되니 이제는 지구 전체가 심각한 환경 재난에 빠져 비상에 걸렸다.

미세플라스틱에 오염된 생선을 먹기 시작하였다. 버려진 플라스틱은 바다에서 시간이 가면 잘게 쪼개져 미세플라스틱이 되고 물고기가 먹이인줄 알고 먹는다. 미세플라스틱은 남극 그리고 북극의 물고기에서도 발견된다. 미세플라스틱에 오염된 생선으로 인한 인체의 피해는 많이 보고되지 않았다. 이제 시작이기 때문이다. 오랜 시간 미세플라스틱에 오염된 생선을 먹으면 어떻게 될까? 단편적으로 미세플라스틱으로 인한 환경호르몬의 변화 가능성을 말하기 시작하였다. 미세플라스틱이 뇌로 간다는 보고도 나왔다. 오래전에 경험한 중금속으로 인한 환경문제가 연상된다. 중금속 이슈는 특정 지역의 문제였지만 미세플라스틱 이슈는 지구 전체의 문제이다.

한쪽에서는 이상기온에 대하여 이야기한다. 태풍이 심해져 마을이 물에 잠기고, 추위가 심해져 미국 텍사스에 정전이 되고, 더위가 심해져 산불이 나는 것들은 기후변화로 인한 뉴스의 일부이다. 육지와 섬이 물에 잠기기 시작하였다. 옥수수 생산이 24% 감소할 것이라는 전망이 나오고 있다. 옥수수를 주식으로 하는 나라는 비상이다. UN은 2000년대 중반까지 탄소중립을 해야 한다고 한다. 이것이 잘 실현되기를 바라지만 그렇게 될 것이라고 믿는 이들은 얼마나 될까?

환경이 왜 이렇게 되었을까?

산업혁명 이후에 우리는 대량생산이 주는 단맛을 보았다. 그 전에도 부유함이 중요한 인생의 잣대였지만, 산업혁명으로 부의 축적이 늘어나면서 부를 귀하게 여기는 사회로 더 빨리 변화하기 시작하였다. 대량생산 기술과 맞물린 물질문명이 우리 사회를 지배하기 시작한 것이다.

대량 생산을 가속화 시킨 데는 과학기술의 역할이 크다. 비료가 생산되고 농약이 소개되어 농업의 생산성이 증가하였다. 인구가 증가하여도 농업생산성이 같이 증가하여 글로벌하게는 식량부족 이슈는 없어졌다. 과학기술의 힘이다. 20세기 중반 정유산업과 석유화학의 시작은 휘발유 등의 에너지와 플라스틱 제품을 세상에 소개하였다. 자동차를 타고 다니고 플라스틱 제품을 소비하는 것이 인류에게 허락된 문명의 혜택이었다. 공장의 굴뚝에서는 시커먼 연기가 나오고 그것은 산업화의 상징이었다. 소비가 미덕인 사회이고 인간은 자연을 정복하였다라고 자화자찬하였다. 인간의 우월함은 다음 단계로 우주를 정복하겠다는 꿈을 갖게 하였다.

1980년대 소수의 기관만이 갖던 컴퓨터가 PC로 탈바꿈하면서 인류는 정보화의 새로운 시대를 맞이하게 되었다. 인터넷 사회, 스마트 폰으로 대표되는 3차 산업혁명을 넘어 이제는 인공지능과 메타버스의 시대로 대표되는 4차 산업혁명을 맞이하고 있다. 자율주행차가 선보이고 인공지능이 탑재된 로봇이 등장하기 시작하였다. 우리는 이것이 인간의 소통을 편하게 해주는 인류의 발전이라고 생각하고 있다. 이러한 산업혁명의 결과는 분명 인류에게 여러 가지 혜택을 제공하고 있다. 대도시에서 멀리 떨어져 있는 이들도 원격의료 혜택을 받고 오지에 있는 가난한 이들도 인터넷으로 세상과 소통하며 공부할 수 있게 되었다. 과학기술이 주는 혜택이다.

그러나 산업사회의 상징인 자동차가 내뿜는 매연은 인간의 건강을 해친다는 것이 알려져 매연 저감이 중요 이슈가 되었다. 그것이 도시의 스모그, 미세먼지의 원인이라고 알려지면서 휘발유나 경유 자동차를 대체할 수단을 강구하게 되었다. 그러나 개발도상국의 이슈는 이와 다르다. 얼마 전 방문한 에티오피아에서는 굴러다닐 수 있는 것은

울산 공업탑
1962년에 울산이 특정 공업지구로 지정된 것을 기념하여 1967년에 건립되었다. 그 당시에는 공업단지의 굴뚝에서 검은 연기가 나오는 것이 경제 성장의 상징이었다.

10일 간격으로 촬영한 스모그와 맑은하늘을 보여주는 중국 랴오닝의 도시

다 운행되고 있다는 느낌을 받았다. 도시 매연은 그 다음 이슈인 것이다. 오래전 미국에 살던 교포가 한국을 방문하면 매콤한 공기 때문에 목이 아프다고 이야기했던 기억이 떠올랐다. 우리도 그런 시절이 있었지. 지금은 자동차가 내뿜는 매연 외에도 이산화탄소 배출을 줄여야 하는 새로운 이슈가 생겼다.

산업 혁명의 결과는 인류의 에너지 소비를 증가시켰다. 오래 전에 전기 생산은 주로 수력과 화력에 의존하였다. 그러다가 원자력이 소개되었으나 원자력 발전소의 사고를 경험하면서 원자력 발전으로 전기를 생산하는 데는 한계를 느끼기 시작하였다. 석탄을 사용하는 화력 발전은 일부 천연가스나 기름을 사용하는 발전으로 바뀌었지만 여전히 석탄을 사용하는 것이 중요하다. 석탄 발전소에서 나오는 매연을 줄이는 것이 중요한 환경 보전 이슈이었다. 이제는 이산화탄소 배출을 줄이기 위해 석탄발전소를 폐쇄하는 것이 이슈가 되었다. 탄소중립[3]이 새로운 화두이다.

바이오 기술은 유전공학 기술을 만들어 내고 치료제 생산, 농업에의 응용 등으로 우리에게 큰 기여를 하고 있다. 의료, 농업, 소재 분야에서는 크게 기여하고 있다고 생각되지만 환경 분야에 대한 기여는 별로 없는 듯하다. 아직은 기대에 못 미치는 느낌이다. 임팩트 있는 환경 바이오 기술의 개발이 요구된다.

표 1.2 주요 산업 이슈의 순기능과 역기능

이슈	순기능	역기능
플라스틱	생활 편리	쓰레기 발생
비료, 농약	식량 증산	땅이 죽는다
휘발유 자동차	이동 편리	매연, 온실가스 배출
철강, 시멘트	소재 공급	온실가스 배출
물 공급	식수, 용수 공급	댐을 만들어 독점
정보통신	통신 편리	개인정보 유출
바이오기술	의료, 농업	윤리 이슈

---

3 탄소중립 : 온실가스 배출량을 줄이고 발생한 양에 대해서는 산림조성, 탄소 포집 등으로 흡수해 실질적으로 온실가스 배출량을 제로 (0)로 만든다는 개념

이러한 현대 과학기술 문명은 인류에게 많은 혜택을 제공하였다. 식량 생산의 증가로 굶어 죽는 이들의 수가 현저히 감소하였다. 의료 혜택은 질병 치료를 가능하게 하여 100세 장수 시대를 눈앞에 두고 있다. 공장의 자동화 등으로 인간이 해야 하는 노동량이 감소하였다. 이러한 현대 문명의 발전을 이끈 자본주의는 부의 축적을 가속화시켰으며 동시에 새로운 발전의 원동력을 제공하고 있다.

그러나 부익부 빈익빈 사회를 가속화시키고, 환경을 파괴하여 플라스틱, 기후변화, 생태계 파괴 문제 등을 야기하고 있다. 일부 환경주의자들은 물질문명이 문제의 원인이라고 그래서 생각과 생활 습관을 바꾸어야 한다고 주장하고 있다. 우리가 현대문명에서 과거로 회귀하여 원시 사회처럼 살 수 있을까 생각하면 현실적인 대안일까 회의가 든다. 부의 편중과 환경 문제 등 사회 문제를 해결하면서 문명을 발전시킬 수 없을까?

이러한 상황을 만든 책임은 누구에게 있는가?

과학기술자에게 있을까? 과학을 위한 과학, 기술을 위한 기술을 연구한 과학기술자의 잘못일까? 자동차, 비료, 플라스틱, 에너지 등의 사용이 이러한 지구 환경의 위기를 불러올 줄은 몰랐다. 그렇다고 과학자의 책임이 면해지는 것은 아니다. 과학자들이 그런 영향까지 고려했어야 하지만 현실적으로 어려운 일이다. 우리는 대량 소비와 편리한 생활에 익숙해졌다. 현대 문명의 이기를 사용하는 시민, 산업 사회를 리드하는 기업, 국민을 생각하는 정치가 등 관련 이해당사자 모두의 책임일 것이다.

이러한 상황에서 우리가 할 수 있는 것은 무엇인가?

환경을 치유할 수 있는 기술을 개발하는 것이 시급하고 환경 보전의 시작이다. 환경 보전을 고려하는 산업 발전이 필요하다. 가난한 자를 배려하는 정책이 필요하다. 물질 만능주의가 아닌 정신적 가치관, 인류 공동체라고 하는 공동체 의식이 우리 사회의 밑바탕에 깔려 있어야 한다.

현대 문명의 혜택은 부자들에게만 돌아간다고 주장하는 이들이 있다. 새로운 제품과 기술이 도입되는 시점에서는 혜택이 주로 부자에게 돌아간다고 하는 지적이 맞지만 시간이 지나다 보면 누구든지 모두 혜택을 볼 수 있다. 그러나 도입 초기부터 약자를 고려하는 것이 바람직할 것이다.

이러한 생각의 구현은 시간을 필요로 한다. 몇 사람이 주장한다고 현실화되는 것은 아니다. 그런데 기후변화는 지금 이 순간 인류를 위협하고 있고 플라스틱 쓰레기는 이제 우리 식탁으로 올라오기 시작한 시급한 상황이다. 생태계가 변화되어 농업, 어업이 피해를 보고 생태계의 파괴는 궁극적으로 인간의 삶에 심각한 영향을 미칠 것이다.

지구 환경 문제의 해결은 생각보다 긴 시간을 필요로 할 것이다. 그래도 긴 흐름에서 지구 환경 보전을 위하여 노력하는 것은 의미가 있다. 지구 환경이 우리 인간이 살기에 좋은 모습이 되도록, 모든 생명체가 공생하는 방향으로 노력해야 한다.

제2부

세상이 바뀌고 있다

- 기술이 만드는 새로운 비즈니스

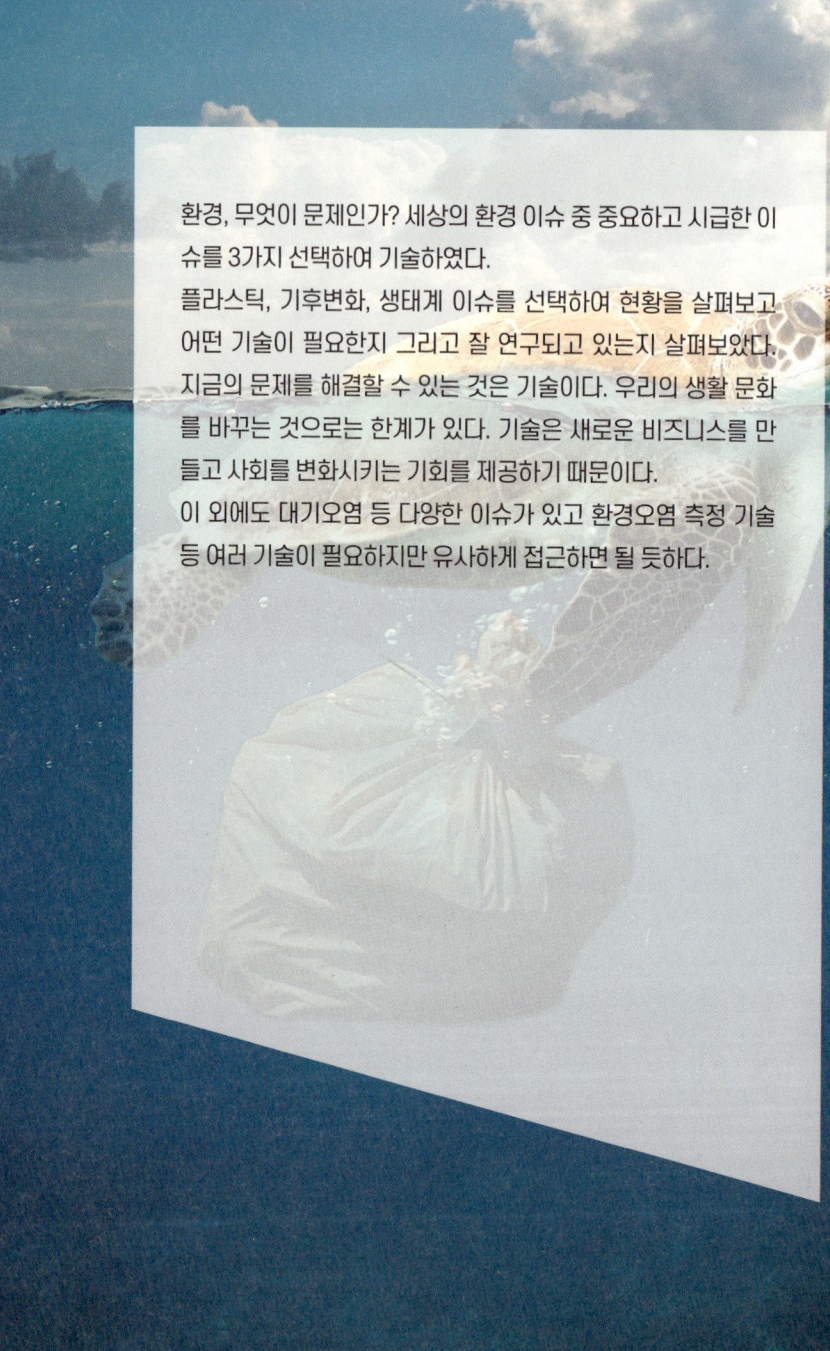

환경, 무엇이 문제인가? 세상의 환경 이슈 중 중요하고 시급한 이슈를 3가지 선택하여 기술하였다.
플라스틱, 기후변화, 생태계 이슈를 선택하여 현황을 살펴보고 어떤 기술이 필요한지 그리고 잘 연구되고 있는지 살펴보았다.
지금의 문제를 해결할 수 있는 것은 기술이다. 우리의 생활 문화를 바꾸는 것으로는 한계가 있다. 기술은 새로운 비즈니스를 만들고 사회를 변화시키는 기회를 제공하기 때문이다.
이 외에도 대기오염 등 다양한 이슈가 있고 환경오염 측정 기술 등 여러 기술이 필요하지만 유사하게 접근하면 될 듯하다.

1 플라스틱 문명이 바뀐다

'플라스틱 차이나(Plastic China)'는 쓰레기를 처리하는 사람들의 생활을 통해 소비문화, 환경문제를 비판하는 2016년 중국의 다큐멘터리 영화이다. 영화 감독이 미국의 쓰레기 처리장을 방문했을 때 쓰레기를 중국으로 보낸다는 이야기를 들었다. 그 후 감독은 상황을 조사하고 영화로 만들었다.

중국이 미국, 유럽, 일본, 한국 등에서 수입한 플라스틱 쓰레기들이 산둥마을에 모이고 그것이 모여 산이 되고, 계속 첩첩이 쌓인 산들을 만들었다. 이러한 플라스틱 쓰레기를 수거하고 씻어서 재활용하는 것이다. 중국은 얼마 전까지 그렇게 했다. 그 마을에 열한 살 소녀 '이제'의 집이 있다. 이제는 아버지, 엄마, 동생과 함께 쓰레기를 주워서 생활한다. 학교에도 못 간다. 아파도 병원에는 갈 엄두도 내지 못한다. 이 영화의 감독은 이제 가족의 어려운 생활을 보여 줌으로써 환경 문제는 물론 사회 문제를 고발했다. 영화가 상영된 이후 중국은 고체폐기물의 수입을 중단하였다. 중국으로 쓰레기를 수출하던 국가들은 비상이 걸렸다. 지금 그 쓰레기는 어디로 가고 있을까 궁금하다.

우리나라도 1970년대까지만 해도 서울 난지도가 쓰레기 매립장이어서 유사한 일이 벌어졌었다. 그 당시에 매립지의 주민들과 같이 살면서 여러 어려움을 도와주었던 친구들에게 그 곳의 이야기를 들었다. 어떻게 인간이 그런 곳에서 그렇게 살 수 있을까 슬프게 느껴졌던 기억이 있다. 지금도 개도국에는 그런 쓰레기 더미 위에 집을 짓고 살면서 쓰레기를 주워서 생활하는 이들이 여전히 많다.

플라스틱은 20세기 인류에게 주어진 새로운 소재라고 해서 인류는 열광했고 일부는 플라스틱 문명시대라고 했다. 21세기로 오면서 이제는 플라스틱이 주는 환경문제로 과거처럼 플라스틱을 단순히 생산하고 소비하는 행태는 바뀌고 있다.

1.1 생분해성 플라스틱이 필요하다

1회용 플라스틱의 기억

미국에 유학 중일 때 가끔 친구들을 집에 초대하여 식사를 하였다. 그럴 때는 1회용품을 사용하였다. 1회용 접시, 스푼 등인데 대부분 플라스틱[4]이 소재이다. 그릇도 부족하고 식사 후에 설거지하는 것도

---

4 플라스틱 : 열, 압력에 의하여 성형 가능한 재료나 그러한 성형을 말한다.

번거로운데 1회용 제품은 사용하고 버리면 되니 무척이나 편리하였다. 게다가 그리 비싼 것도 아니었다. 야외에서 식사를 할 때에도 1회용 플라스틱 제품은 필수가 되었다.

우리는 플라스틱 문명의 혜택을 누리며 살고 있다. 플라스틱 병, 비닐[5], 자동차 부품, 합성섬유로 만든 옷, 가전제품 외장재 등 플라스틱은 우리 주위 어느 곳에든지 있다. 최근에는 엔지니어링 플라스틱이 개발되어 쇠처럼 단단한 특성이 있어 쇠나 알루미늄 등을 대체하고 있다. 화학회사는 그러한 플라스틱이 사용되는 문명을 인류 문명의 발전으로 자랑하고 있다.

그림 2.1 플라스틱 문제의 변화 추세

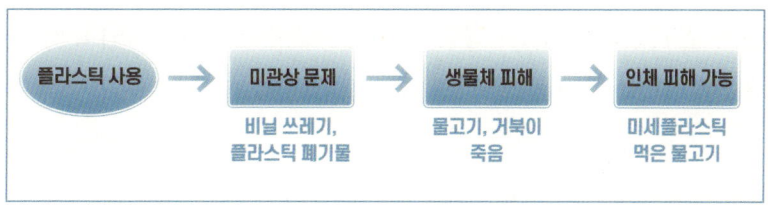

밭에서 사용하고 버린 멀칭필름[6]이 여기저기 널려 있다. 수거하지 않은 멀칭필름은 지저분하게 보이는 것 외에 토양에 공기가 유입되는 것을 막아 토양미생물을 죽게 만든다. 우리가 버린 플라스틱(비닐 포함) 쓰레기는 바다로 흘러 들어가 거북이와 물고기의 기도를 막아

---

5 비닐 : 원래는 폴리염화비닐(PVC)을 지칭하였으나 지금은 플라스틱으로 만든 필름(film), 시트(sheet)를 가리킨다. 일반적으로 PE, PP, PVC 시트 등을 비닐이라고 한다.

6 멀칭 필름(Mulching film) : 지온 상승, 수분 유지 및 잡초 억제를 목적으로 토양에 플라스틱 필름으로 덮어씌우는 것

숨을 못 쉬게 하여 죽게 만들고 있는 것은 매스컴에서 많이 본 것이다. 2008년에는 태국의 해변에서 2m 크기의 고래가 죽은 채 발견되었는데 조사해보니 뱃속이 비닐봉지로 가득 차 굶어 죽은 것으로 나타났다. 최근에는 미세플라스틱(크기가 5mm 이하인 플라스틱이나 그것의 조각)이 새로운 이슈가 되었다. 우리가 버린 플라스틱은 잘게 쪼개지고 그것을 물고기가 삼키게 되고 결국은 먹이사슬을 따라 우리에게 다시 온다. 우리가 만든 화장품 등에 사용되는 미세플라스틱은 인체에 위험하다고 하여 사용이 중지되고 있지만, 미세플라스틱이 뇌에 흡수되어 뇌 건강에도 영향을 미친다는 연구 결과도 발표되고 있다. 플라스틱으로 인한 쓰레기, 생태계 파괴, 그리고 인체에의 영향이 주요 이슈가 되었는데 최근에는 플라스틱 생산 과정에서 발생하는 이산화탄소가 새로운 문제로 등장했다.

1990년에도 플라스틱으로 인한 공해와 환경 파괴가 심각하다고 했지만 30년이 지나도 달라진 것은 별로 없어 보인다. 생분해성플라스틱이 시장에 선을 보이고 있지만 지금까지는 시장 진입 초기단계로 아직 환경에의 영향은 미미한 듯하다. 최근에는 미세플라스틱의 위험성에 플라스틱 제조 시 온실 가스를 배출하는 문제가 더해져 플라스틱 환경 이슈는 더 심각해지고 있다. 환경단체 그린피스는 플라스틱 필름이 목에 감겨 괴로워하는 돌고래, 거북이 사진을 기금 마련용으로 사용하고 있다. 이제 유엔환경회의에서는 플라스틱 문제의 심각성을 인지하여 플라스틱 협약을 논의하기 시작하였다.

매년 전 세계에서 80억 톤의 플라스틱이 생산된다. 계속 사용 중인 것이 30%이고 56%가 폐기되고 8%가 소각으로 그리고 6%가 재활용된다. 특별히 폐기되는 56%에 관심을 가져야 한다.

그림 2.2 플라스틱 쓰레기 처리- 폐기되는 56% 플라스틱 쓰레기 처리가 시급하다.

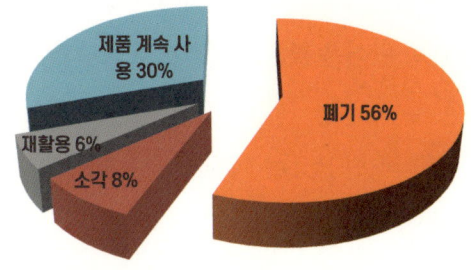

플라스틱 없는 세상 만들 수 있을까

플라스틱의 사용을 줄여 플라스틱 없는 세상을 만들 수 있을까? 종이, 목재, 세라믹으로 플라스틱을 대체할 수 있을까? 버려진 플라스틱을 깨끗이 수거하여 플라스틱을 재활용할 수 있을까? 이런 질문들은 우리가 플라스틱과 환경을 생각하면 나올 수 있는 질문이다.

세계 플라스틱 사용의 1/5이 PET(페트)[7]이다. 주로 생수, 음료수 등의 용기로 많이 사용된다. PET를 재활용하는 것이 중요 이슈인데 미

---

[7] PET (PolyEthylene Terephthalate) : 폴리에스테르의 일종이다. 그래서 PET 병을 분쇄한 뒤 녹여서 실로 뽑을 수 있다. 그러면 폴리에스터 실이 된다.

국에서도 29%만이 재활용된다. 버려지는 PET가 그렇게 많다는 이야기이다. PET를 재활용하는 것이 주요 이슈이다.

PET를 분해하여 재활용하기 위한 기술 개발에 노력하고 있다.

최근에는 버려지는 PET를 수거하여 녹인 다음 실을 뽑는다. 우리나라에서는 효성티엔씨에서 실을 뽑는다. 그 실로 옷감을 만든다. 그러면 글로벌 패션 업체에서 구매한다. 그렇게 만든 옷은 친환경 옷으로 인기가 높다. 소비자가 옷, 가방, 액세서리 등 친환경제품을 구매하는 것도 환경에 대한 관심은 물론 사회적으로 하나의 패션인 것이다.

수거할 수 없어 버려진 PET는 어떻게 해야 하는지, PET를 분해시킬 수 없는지 생각해본다.

최근 흥미로운 연구 결과를 접하게 되었다. 2021년 오스트리아의 과학자가 소의 위에서 PET분해 미생물을 찾았다. 거의 동시에 PET병 재활용 공장에서도, 쓰레기로 퇴비를 만드는 곳에서도 PET를 분해하는 미생물을 찾았다. 미생물들이 이제는 PET 플라스틱을 분해하여 먹이로 하고 있는 것이다. 미생물은 효소를 분비하고 효소의 작용으로 플라스틱이 작게 분해되면 미생물이 이것을 먹을 수 있다. 분자크기가 크면 미생물이 먹을 수 없기에 작은 크기로 잘라야 한다. 작은 크기의 분자는 주로 탄소로 이루어져 있기에 미생물의 에너지원이 될 수 있기 때문이다. 세부적으로는 플라스틱의 분해는 미생물이 만들어 내는 효소 작용에 의한 것이다. 그래서 다음 단계로 그 효소를 개량[8]하니 10시간에 PET를 90%를 분해하였다고 한다. 놀라운 결과

---

8 효소공학이라고 한다. 효소는 단백질이고 단백질은 아미노산으로 구성되어 있다. 따라서 특정 아미노산을 적절히 다른 아미노산으로 바꾸면 효소의 특성이 달라진다. 반응 속도를 빨리할 수도 있다.

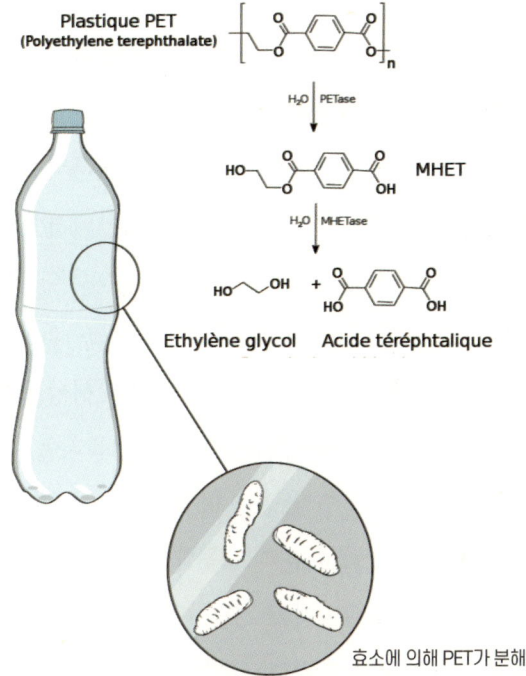

효소에 의해 PET가 분해

PET는 미생물에 있는 효소1(PETase)와 효소2(MHETase)에 의하여 에틸렌글리콜과 테레프탈산으로 분해된다.

그림 2.3 PET의 완전 재활용 방법.
수거한 후 깨끗이 세척 등으로 불순물을 제거하여 다시 PET 제품으로 재사용하는 방법도 있다.

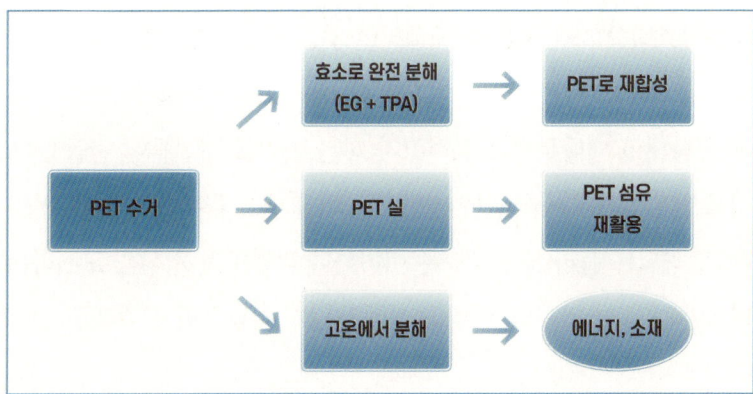

이다. 효소가 대량으로 그리고 적절한 가격으로 생산되면 플라스틱 쓰레기에 그 효소를 뿌리면 플라스틱이 분해될 것이다. 또는 분해되는 초기 단계에서 분해를 중단시키면 쓸모있는 소재의 원료로 만들 수 있을 것이다. 얼마 전까지만 해도 플라스틱은 자연에서 분해가 안 되어 문제라고 했는데, 플라스틱 분해 미생물의 발견은 획기적인 것이다.

향후 PE(폴리에틸렌), PP(폴리프로필렌) 분해 미생물을 찾는 것이 목표이다. 그 중의 하나로 나방 애벌레가 PE 비닐봉지를 분해하는 현상을 발견했다. 나방 애벌레가 비닐을 먹고 분해시켜 영양원으로 사용하였나보다. 향후 애벌레 또는 미생물 안에 있는 분해 효소를 찾고 다시 그 효소를 개량하는 단계로 기술을 발전시킬 것이다. 바이오 기술의 발달로 효소의 구조를 밝히고 효소를 개량하는 기술(효소공학이라고 한다)로 효소 개량은 이제 어렵지 않은 일이 되고 있다. 장기적으로는 플라스틱 쓰레기를 해결하는 새로운 기술이 되어 플라스틱 쓰레기 문제 해결에 사용될 것이다. 문제는 언제 실용화 될 것 인가 이다.

플라스틱을 다른 재료로 대체하는 것도 필요하다. 예를 들면 칫솔은 주로 플라스틱을 사용하여 만든다. 플라스틱의 사용을 줄이기 위해 칫솔대로 대나무를 사용하고자 하는 벤처를 청년들이 만들었다. 서울 낙원상가에서 창업하여 현재는 서울 구로동에 공장을 갖고 있다. 절약되는 플라스틱의 양은 미미하나 환경보전 의식을 고취하는 역할은 매우 클 것이다. 이러한 사례가 많이 나왔으면 좋겠다.

생분해성 플라스틱 비즈니스가 성장한다

우리나라는 1988년 서울에서 개최된 올림픽을 전후하여 환경에 대한 관심이 높아지기 시작하였다. 언론에는 환경 관련 기사가 많이 보도되었다. 그중에서 플라스틱과 관련된 기사의 하나를 소개한다. "긴 비닐봉지가 거북의 기도를 막아 거북이 고통받고 있으며 아무 것도 먹지 못하고 있었다. 거북이의 기도를 막아 죽게 하였다."

플라스틱이나 비닐이 자연에서 분해되지 않아 그냥 바다에 떠돌고, 거북이는 그것이 먹이인 줄 알고 삼켰는데 목에서 넘어가지 않아 기도가 막히고 그렇게 죽었다는 내용이다. 자연에서 분해되는 플라스틱이 필요한 시점이었다.

2018년에는 영국의 엑시터 대학 팀이 대서양, 태평양 등에서 그물에 걸려 죽은 바다거북 102마리의 내장을 조사했더니 모든 거북에서 길이 5mm 미만의 합성물 입자가 발견됐다고 발표했다.

이런 안타까운 결과가 생기지 않게 하려면 자연에서 생분해되는 플라스틱(생분해성고분자로부터 만들어지는 생분해성 플라스틱)

태평양 거북이의 위장에서 발견된 플라스틱 조각들

이 필요하다. 오래전에는 나일론 등 플라스틱이 과학기술 특히 화학기술의 진보가 주는 선물이라고 했는데 시간이 지나니 오히려 문제가 된 것이다. 플라스틱 제품의 사용을 줄이고 재활용해야 하겠지만 필요하면 자연에서 분해되도록 하여 환경에 피해가 없도록 해야 한다. 강이나 바다에서 분해되거나 물고기 몸속에서 분해되어야 한다. 생분해성 플라스틱을 만들고 활용하는 것이 필요하게 되었다. 생분해성고분자 제품의 하나인 수술용 봉합사는 오래전부터 수술 후 장기를 봉합할 때 사용되고 있다. 상처가 아물면서 봉합사는 자연히 분해되어 별도로 제거할 필요가 없다. 다당류의 하나인 플루란, 알긴산 등도 가공하면 필름 형태로 만들 수 있다. 그렇게 만들어진 필름은 공기를 잘 통과시키지 않아 식품포장용으로 사용할 수 있다. 사용 후 버리면 자연에서 분해된다. 이러한 다당류는 미역 등 해조류의 끈적끈적한 성분으로 자연에서 얻을 수도 있고 미생물을 배양하여 얻을 수도 있다. 문제는 다양한 물성을 갖도록 해야 하고 가격이 저렴하여 경쟁력이 있어야 한다는 것이다. 예를 들면, 수술용 봉합사는 가격이 매우 비싸서 일반 플라스틱으로 사용할 수 없다는 것이다. 이제는 기술의 발전과 예상 수요의 증가로 경쟁력을 갖추기 시작하였다. 향후 다양한 생분해성고분자의 개발이 제품으로 하나씩 소개될 것이다. 기술 개발과 수요 증가의 시작은 환경에 대한 관심이다.

1990년 저자는 동료 교수, 연구자들과 같이 '생분해성고분자연구회'를 만들었다. 같이 공부하고 연구한 결과를 공유함으로써 생분해성 고분자 분야의 기술을 발전시키고자 했다. 대학, 연구소, 기업인들과 함께 세미나를 하였다. 그리고 정부에 정책적 지원을 요청하고 생분해성 고분자의 실용화를 촉진시키기 위한 인센티브를 제안하였

#기업의 생분해성고분자 사업

LG화학은 미국의 ADM(Archer Daniels Midland Co., 아처 대니엘스 미들랜드)으로 알려진 세계 4대 곡물회사와 합작회사를 설립하여 2025년까지 년산 7만5천 톤 규모의 PLA*(Poly Lactic Acid) 공장을 건설한다는 계획을 발표하였다. ADM 회사는 곡물 회사이므로 옥수수로부터 포도당을 값싸게 만들 수 있어 합작이 의미가 있는 것이다. 포도당을 미생물에게 공급하면 젖산(lactic acid)을 합성한다. 만들어진 젖산을 화학적으로 고분자화합물로 변환시킨 것이 PLA인 것이다. 이 외에도 포도당과 글리세롤을 원료로 100% 바이오소재를 생산한다는 계획도 발표하였다.

CJ 제일제당은 최근 2025년까지 6만5천 톤 규모로 PHA를 생산하겠다는 계획을 발표하였다. 역시 미생물을 이용한다. 미생물에 원료(미생물의 주 먹이)로서 포도당을 공급하면 그리고 질소 성분도 많이 있으면 미생물은 계속 증식한다. 그러다가 영양분의 하나인 질소 성분이 고갈되면 그러나 주위에 포도당이 있으면 이것을 지방으로 바꾸어 몸속에 저장한다. 사람도 에너지원으로 지방을 만들어 저장하는 것과 같은 원리이다. 그 지방이 PHA라는 폴리에스테르인 것이다. PHA는 사용하고 버리면 땅속에서는 4개월 만에, 바다에서는 6개월 만에 분해가 되어 흔적이 없어진다. 분해가 된다고 하는 것은 땅이나 바닷속에 서식하는 미생물이 PHA를 분해하여 유용하게 사용한다는 것을 의미한다. 자원의 재순환이 이루어지는 것이다.

* PLA (Poly Lactic Acid) : 젖산 (lactic acid)으로부터 화학적으로 합성하는 고분자. 생분해성이 있다.

다. 외국에서는 그 당시 생분해성고분자인 PHA[9] 실증화 공장이 가동하기 시작하였다. 우리나라에서는 원료를 수입하여 가공하여 시장에서 사용하는 플라스틱 백 등 1회용품에 생분해성 고분자를 포함시키기 시작하던 때이었다. 그 당시 연구한 것들로 우리나라에서는 이제 공장을 건설하고 있다.

오래전에 생분해성 플라스틱 용기를 사용하는 것은 환경 보전에 기여한다고 생각되었으나 플라스틱의 생산원가가 일반 플라스틱에 비하여 2~3배 정도가 되어 소비자의 부담이 증가한다. 그래서 기업에서는 선뜻 환경친화적 플라스틱 사용을 못 하고 있다. 샴푸 병을 예로 들면 샴푸의 가격이 5000원이라고 가정하면 플라스틱 용기 가격은 1000원 이내이고 플라스틱 소재의 가격은 500원 정도일 것이다. 생분해성 플라스틱은 1000원이라고 가정하면 샴푸 가격이 500원이 올라가니 샴푸 가격이 10% 정도 인상될 수 있는데 이 정도면 샴푸 생산 기업은 망설일 수밖에 없는 것이 현실이다. 어떻게 하면 좋을까?

친환경 제품이라도 소비자가 비싼 가격에 제품을 구매하는 경우는 그리 많지 않으므로 기술개발에 의하여 생산 단가를 낮추어야 한다. 오랫동안 연구를 하여 이제는 가격 경쟁력을 갖춘 단계까지 왔다. 물론 소비자의 환경에 대한 관심이 커져 시장이 형성되고 정부의 규제도 강화되는 등 사업화 여건이 성숙된 것도 큰 역할을 했다.

---

9 PHA(Poly Hydroxy Alkanoate) : 폴리에스테르의 일종으로 미생물이 합성하는 그래서 생분해되는 고분자이다.

위 사례처럼 연구개발에 의한 생산 기술의 개발, 정부나 소비자의 인센티브가 환경 산업의 발전에 중요하다. 특히 기술개발 초기에 정부의 시장 진입 문턱을 낮추어 주면 창업하기 쉬워지고 그것은 국제 경쟁력을 갖추는데도 기여할 것이다. 그런데 정부는 우리나라 기업에 관련되는 인센티브를 제공하는 것에 인색하다. 외국의 사례가 있어야 움직이는 이러한 정부의 정책 관행을 발전적으로 바꿀 수 없을까?

버려지는 플라스틱 때문에 피해를 줄이려면, 미세플라스틱을 먹은 물고기가 식탁에 오르지 않도록 생분해성 플라스틱이 빨리 보급되어야 한다. 그렇다고 문제가 다 해결하는 것은 아니다.

플라스틱 쓰레기에서 생분해성 플라스틱과 일반 플라스틱을 구별해야 하는지, 생분해성이라고 해서 마구 쓰고 버려 플라스틱 소비를 늘리는 것은 아닌지 등 새로운 의문과 이슈가 생긴다. 그래도 생분해성 플라스틱이 있으면 다소 나아질 수 있다.

1.2 미세플라스틱 문제 어떻게 해결할 수 있는가

미세플라스틱 연구센터를 운영하고 있는 김용환교수(울산과학기술원)에게 미세플라스틱의 문제는 무엇인지 물었다.

"각질제거용 화장품 소재나 피부에 잘 발리도록 폴리스티렌, 폴리아크릴 등의 플라스틱을 50 마이크로미터 크기의 비드 형태로 만들어서 썼습니다. 최근에는 미세플라스틱의 이점보다 유해성 문제가 더 드러나 화장품, 샴푸 등의 생활용품에 미세플라스틱을 첨가하는 것에 대한 국제적인 제약이 생겨 이제는 미세플라스틱을 안 쓴다고 봅니다. 그러다보니 요즈음 샴푸, 섬유유연제, 화장품 등에는 도리어 어떠한 형태의 미세플라스틱이나 마이크로플라스틱이 들어있지 않다는 것을 광고할 지경입니다. 이제 문제가 되는 미세플라스틱은 자연계에 무분별하게 폐기된 폐플라스틱이 마모, 분쇄 등의 과정을 거쳐 크기가 작아지는 과정에서 생성된 것으로 보입니다. 현재까지 생산되고 소비된 총 플라스틱의 양은 83억 톤으로 추정되며 이 중 50억 톤 정도가 자연계에 방출되거나 매립되는 것으로 추정됩니다.

초기에는 해양에 존재하는 미세플라스틱이 큰 문제였으나, 이 외에 담수 그리고 토양에 이르기까지 미세플라스틱이 곳곳에 존재하는 것으로 알려져 있습니다. 미세플라스틱을 생물들이 먹이로 잘못 알고 먹어서 먹이사슬에 따라 갈수록 고등생물에게 미세플라스틱이 축적되는 경향이 관찰되고 있습니다. 사람이 먹이사슬을 통해서 섭취하는 미세플라스틱의 양은 주당 2,000개 정도로 추정됩니다.

사람이 섭취한 미세플라스틱의 독성에 대해서는 서로 상충된 결과가 나오고 있으나, 동물실험에 의하면 태반을 통해서도 상당량의 미세플라스틱이 태아에 전달되는 것이 보고되고 있어, 인체의 대부분의 기관에 전달될 가능성이 아주 높다고 알려져 있습니다. 또 미세플라스틱 자체에 의한 독성 외에 미세플라스틱에 포함된 첨가제나 여기에 흡착/농축된 유기오염물 역시 부차적인 독성을 나타낼 가능성이 크게 제기되고 있습니다. 또 토양에 축적된 미세플라스틱은 토양생물의 이동성, 활동성을 제한하고 결국 농작물의 수확량도 감소시킨다고 보고되고 있습니다. 토양 중에 존재하는 미세플라스틱의 상당량은 농작물 경작중에 사용되는 플라스틱 특히 멀칭필름, 서방성 비료 등에서 유래되는 것으로 추정됩니다. 최근에는 농업작물에도 미세플라스틱이 축적될 수 있다는 보고가 있는만큼 시급하게 미세플라스틱 문제를 해결해야 할 것입니다."

표 2.1 1인당 미세플라스틱 섭취량

무게로 환산	일주일간 5g, 신용카드 한 장
	월간 21g, 칫솔 한 개
개수로 환산	일주일간 약 2000개
	(음료수 1769개, 갑각류 182개, 기타 21개)

미세플라스틱(microplastics)이란 크기가 5mm 이하의 플라스틱을 말한다. 플라스틱이 해양에서 잘게 부서지면 물고기가 먹이인 줄 알고 먹는 데서 문제가 발생한다. 최근 물고기에서 미세플라스틱 검출되었다는 보도가 많아졌다. 미세플라스틱은 섭취나 흡입을 통해 우리 몸에 들어오면 뇌까지 이동하고 뇌에 쌓여 신경독성물질이 된다는 연구 결과도 발표되었다. 염증이나 면역 반응을 유도하여 건강에 영향을 줄 수 있다는 이야기이다. 미세플라스틱이 우리 밥상에 올라오고 있다. 오래전 중금속이 먹이 사슬을 통해 우리 몸에 들어온다는 사실을 생각나게 하는 기사이다.

10㎛ 미만의 미세플라스틱이 위장에서 림프나 순환계로 이동해 간, 신장이나 뇌를 포함하는 조직에 노출되거나 축적될 수 있다. 0.1㎛의 입자는 세포벽·태반·뇌를 통과할 수 있다고 한다. 우리나라의 원자력의학원에서는 방사선동위원소를 이용하여 미세플라스틱이 체내에 흡수된 지 한 시간이면 전신에 퍼지는 것을 관찰했다.

#인터뷰 : 김용환교수(울산과학기술원)

미세플라스틱 문제에서 벗어나는 방법은 무엇입니까

미세플라스틱은 생태계를 교란하여 식품 생산/품질/안전에 나쁜 결과를 초래하며 사람들의 건강을 크게 해칠 수 있다는 것이 최근 국제적인 인식입니다. 이에 따라 2021년 국제농업식량기구 (UN FAO)는 어업, 임업, 농업에 사용되는 플라스틱의 지속가능성에 대하여 주의를 환기하는 보고서를 발표하였습니다. 이미 자연계에 배출된 미세플라스틱을 회수, 제거하는 것은 거의 불가능에 가까운 어려운 일이라 판단됩니다. 따라서 사용 후 폐기된 플라스틱이 무분별하게 자연계에 방출되는 것을 막는 시스템을 구축하는 것이 시급하다고 판단됩니다. 이를 위해서는 폐플라스틱을 수거하고 재사용하는 소위 플라스틱 순환경제 시스템을 만들어야 합니다. 수거된 폐플라스틱의 경우 아주 다양한 첨가물, 오염물에 혼합되어 이를 재사용하는 것이 매우 어려운 것이 사실입니다. 따라서 단순 세척만으로 재사용 할 수 있는 플라스틱으로 만드는 것이 어려워 이를 단량체(monomer)로 만들고 이를 다시 중합하여 플라스틱으로 만드는 신기술을 개발해야 합니다. 그리고 농업용 멀칭필름, 어업용 어구 등 토양과 해양 환경에 폐기될 확률이 높은 플라스틱은 폐기 후에도 미세플라스틱으로 잔류되지 않도록 근본적으로 생분해가 완전히 될 수 있는 플라스틱으로 대체되어야 할 것입니다.

기업의 동향을 말씀해 주세요.

독일 BASF와 같은 석유화학회사와 국내의 이름있는 석유화학 회사(SK이노베이션, LG화학, 롯데케미칼 등)들이 앞다투어 폐플라스틱을 재이용하는 기술을 제안하고 있습니다. 현재 이러한 폐플라스틱 재이용 기술은 주로 열분해를 통하여 단량체나 나프타(석유화학의 기초 원료임)를 만드는 기술입니다. 다만 이러한 경우 폐플라스틱이 혼합되지 않고 오염되어 있지 않으며 단일 종류로 회수, 분리되어야 하는 제약이 있습니다. 최근 투명 PET 수집 체계가 국내에서도 구축되고 있는데 이는 향후 열분해/해중합이나 신규 PET로 화학적으로 재이용하는 좋은 사례가 될 것으로 예상됩니다. 다만 상당수의 폐플라스틱의 경우 혼합물이며 다른 물질로 오염된 경우가 많은데 이때 적용가능한 기술은 이를 가스화시켜 유용한 가스화된 분자상태로 완전히 분해하는 것입니다. 현재 일본 쇼와덴코사 등이 이러한 방안을 제시하고 있으며, 국내에서도 본 연구사업단, 에너지기술연구원, GS건설 등이 활발하게 연구를 진행하고 있는 상태입니다.

폐기되더라도 미세플라스틱으로 잔류되지 않는 플라스틱을 만들기 위해서 다양한 생분해성 플라스틱 재료와 생산기술이 제시되고 있습니다. 언론에 알려졌듯이 PHA의 경우 해양에서도 우수한 생분해특성이 있기에 상당히 유력한 대체 플라스틱이 될 가능성이 높습니다. 앞으로 이러한 생분해플라스틱이 많이 보급된다면 미세플라스틱 문제 해결에 크게 일조하리라 전망됩니다.

현재 국제적으로는 플라스틱 문제 해결을 위한 연대가 발족되었으며 이러한 플라스틱 오염 문제를 해결하고 지속가능한 플라스틱산업 발전을 위하여 2018년 다국적 화학기업 BASF의 주도로 「Alliance to End Plastic Waste」라는 다국적 비영리단체가 조직되었습니다. BASF, Dow와 일본 미쯔비시, 스미토모 화학 등이 참여하며 5년간 15억 불의 기금을 조성하고 있습니다.

#미세플라스틱연구센터

정식명칭은 '미세플라스틱 대응 화공/바이오 융합공정 연구센터'로 울산과학기술원(UNIST) 산하에 있다. 플라스틱 사용 후 업사이클링(up-cycling)* 연구, 플라스틱 관련 자원순환형 지속가능 화학 기술을 연구하는 센터로서 핵심 과제는 생분해 프로파일이 내재된 폴리에스터 등 고분자화합물 합성 기술, 폐플라스틱 가스화 신기술, 가스화 물질의 유기산 전환을 위한 바이오 기술 등이다. 연구를 시작한 지 얼마 되지 않은 관계로 미세플라스틱 문제 해결에 일조했다고 주장할 수는 없다. 다만 제시된 공정 - 폐플라스틱의 가스화와 생물전환을 통하여 신규 생분해플라스틱으로 다시 탄생 - 이 실험실 규모 이상으로 확장되어 공장 규모로 적용이 되는 것을 기대하고 있다. 이러한 공정이 실제 운전/적용된다면 미세플라스틱 문제 해결과 동시에 탄소중립에도 기여할 수 있을 것이다.

* 업 사이클링(up-cycling) 재활용품에 디자인이나 활용도를 더해 그 가치를 높인 제품으로 탄생시키는 것. 새활용이라고 한다.

1.3 플라스틱 제로 사회가 되어야

종이 빨대가 해결책인가?

커피 등 음료를 담아주는 용기를 1회용 플라스틱 컵에서 생분해성 플라스틱이나 종이컵으로 바꾸었다. 그랬더니 이제 빨대가 문제다. 그래서 같이 제공하는 플라스틱 빨대도 종이 빨대로 바꾸었다. 무엇인가 잘한 것 같고 환경에도 안심이 된다. 그랬더니 이제 종이 빨대가 환경에는 플라스틱 빨대보다 더 나쁘다는 주장이 제기되었다. 종이를 만들기 위한 과정 등이 그리 친환경적이지 않다는 것이다. 그렇다고 플라스틱 빨대로 돌아가는 것도 바람직하지 않아 보인다. 무엇이 답일까?

플라스틱 환경 피해를 줄여야 한다. 플라스틱이 주는 편의성을 다른 것으로 대체하는 데는 시간이 걸린다. 친환경 플라스틱을 사용하면 가격이 상승한다. 그러나 국가 경제적으로는 친환경 플라스틱의 사업이 새로운 먹거리와 일자리를 창출할 수 있다.

새로운 비즈니스의 기회이다. 누가 선점하는가? 비즈니스로 연결되어야 지속가능하고 발전할 수 있다. 이럴 때 소비자의 입장에서, 국가의 입장에서 할 수 있는 인센티브, 규제 등이 있다면 어떤 것들일까?

플라스틱 사용을 줄일 수 있을까?

현재는 쓰레기 배출에 부과금이 있다. 그것은 쓰레기봉투 가격에 반영되어 있다. 쓰레기봉투를 구입하여 사용하면 쓰레기 배출이 줄까? 시행 초기에는 쇼크로 받아들여 쓰레기가 줄었지만 효과가 얼마나 오래 갔는지 의문이다. 이 제도를 효과 있게 하려면 어떻게 해야할까? 그렇다고 쓰레기봉투 가격을 너무 비싸게 하는 것도 바람직하지 않다. 플라스틱의 사용을 줄일 방법에 무엇이 있을까?

최근에는 유럽에서 플라스틱 세(plastic tax) 도입에 대한 논의가 되고 있다. 제조업체에 매기는 방법, 소비자에게 매기는 방법 등이 있는데 제품 가격이 오르면 좀 덜 쓰다가 감각이 둔해지면 또 쓰는 것이

서울센터는 2017년에 개관하였다.

보통이니 시장에서 얼마나 효과를 발휘할 수 있을지 의문이다. 그래도 거둔 세금을 플라스틱 관련 환경보전에 쓰면 괜찮은 셈이다.

일상에서 플라스틱을 덜 쓰려고 노력하고 있는지 묻는 질문이 있다. 외출할 때 텀블러를 챙긴다, 플라스틱 쓰레기 발생량 등을 고려해 제품을 산다. 쓰고 난 플라스틱을 세척한 후 분리 배출한다. 플라스틱 쓰레기 문제 해결을 위한 활동을 주위에도 권한다. 아직은 소수가 이런 활동에 참여하고 있으나 이러한 운동이 확산되면 친환경에 큰 도움이 될 것이다.

플라스틱을 친환경 플라스틱으로 대체할 수 있을까? 생분해성플라스틱이나 종이나 나무로 대체 가능할까? 플라스틱 쓰레기를 생각하면 생분해성 플라스틱이나 나무나 종이로 만든 플라스틱 대체품이 필요하다. 해양으로 유입되는 플라스틱 쓰레기는 빨리 수거해야 한다. 해양으로 유입될 수 있는 플라스틱은 그 성분을 생분해성으로 바꾸어야 한다. 포장재를 단순화하거나 종이 등을 쓰니 보기 싫다는 불만이 있으니 앞으로는 미관까지도 고려한 대체품 개발이 필요하다.

플라스틱을 재활용하거나 업사이클링(up-cycling, 새활용)하는 방법이 있다. 플라스틱 업사이클링이란 플라스틱을 부분적으로 분해하거나 열처리 등을 하여 다시 플라스틱이나 에너지 등으로 쓰는 것을 말한다. 새활용, 업사이클링에 대한 모든 것을 배우고 경험할 수 있는 새활용문화 공간이 생기기 시작하였다.

플라스틱 재활용을 늘리려고 분리수거하고 있지만 재활용되는 부분은 10-20% 정도라고 한다. 소각은 에너지를 생산한다고 홍보하지만 엄밀하게 말하면 재활용이라고 보기 어렵다. 소각하려면 연료를 사용하게 된다. 그리고 이산화탄소가 배출된다. 소각보다는 환경 친화적이면서 부가가치를 좀 더 높일 수 있는 방법은 없을까? 플라스틱은 원래 석유에서부터 출발한 물질이므로 고온에서 열분해하면 석유와 유사한 형태의 물질을 얻을 수 있다. 한국에너지연구원에서는 폐비닐을 고품질 청정오일로 만드는 기술을 개발하여 2톤/일 규모로 시험가동하고 있다고 한다. Plastics to Chemicals를 시도하는 기업도 있다. 한화솔루션은 플라스틱을 열분해하여 불순물을 제거하면 석유화학 원료로 사용되는 나프타 생산이 가능하다고 한다. 2024년까지 1톤/일 시험공장 사업을 시작한다고 발표했다. 화장품 용기를 폐플라스틱으로 만들면 환경보전 효과가 어느 정도일까? 화장품 용기는 아름다운 미관도 중요해서 폐플라스틱을 사용하는 것이 꺼려질 수 있는데 최근에 그런 문제를 해결하고 폐플라스틱으로 화장품 용기를 만드는 기업이 생겨나고 있다. 반가운 일이다. 최근에는 재활용을 높이기 위해 PET병의 라벨을 없애거나 쉽게 분리시킬 수 있게 하고 있다. 이것도 반가운 일이다. 재활용을 90-100% 정도로 할 수 있는 방법이 필요하다.

시민들은 플라스틱에 대하여 많은 것을 배우고 실천한다. 어느 정도 환경에 기여할 것이다. 구체적인 제품에 대하여 환경에 대한 우려와 소비자의 관심을 전달하면 효과가 있다. 막연한 플라스틱제로 운동으로는 한계가 있다. 종이컵 내부는 일반적으로 PE 코팅되어 있다. 이것을 생분해성으로 대체하고 뚜껑도 생분해성 플라스틱을 사용하면 전체가 친환경적인 컵이 된다. 그렇다고 본질적인 이슈가 크게 달라지지는 않겠지만 친환경적인 사고를 하게 되는 장점이 있다.

그림 2.4 플라스틱 환경 문제의 해결 방안

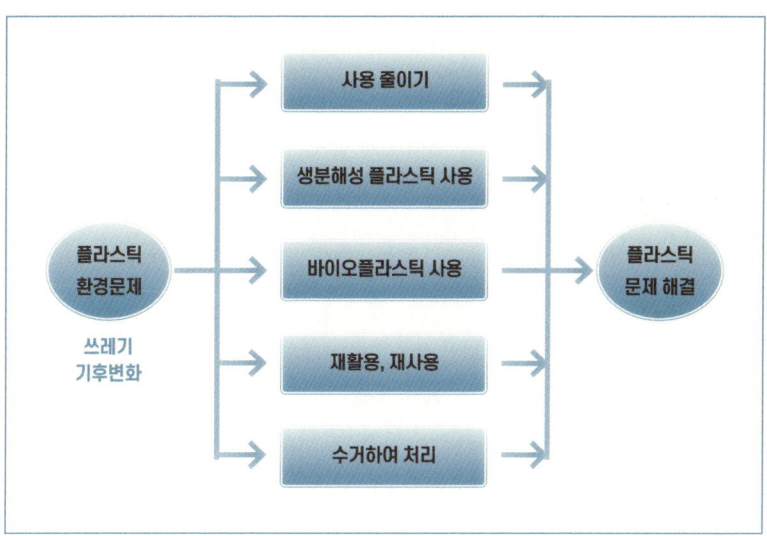

1.4 플라스틱 쓰레기 처리가 비즈니스가 된다

플라스틱 쓰레기를 잘 수거한다고 해도 일부는 바다로 흘러 들어간다. 바닷가에 플라스틱, 어망 등의 쓰레기가 널려있는 모습을 매스컴에서나 바닷가에서 실제 보게 되고 가끔은 자원봉사자들이 그 쓰레기를 수거한다고 매스컴에 소개된다. 심지어 잠수복을 입고 바다 속의 쓰레기를 수거한다. 우리의 환경에 대한 인식을 바꾸는 데 기여한다. 일부 지역이지만 쓰레기가 줄었으니 얼마나 좋은가? 우리는 그들에게 감사해하고 찬사를 보낸다. 그런데 그것으로는 충분하지 않다.

#이슈 : 플라스틱제로운동

한번 사용하고 버리지 말고 여러 번 사용하면 플라스틱 사용량을 줄일 수 있다. 아예 플라스틱을 사용하지 말자는 움직임이 있다. 플라스틱 제로운동이 퍼져 나가고 있다.

시장에서, 가정에서 플라스틱을 없애자고 하는 환경보전운동이다.

냉장고나 TV, 자동차에 사용되는 플라스틱까지는 아직 생각하지 못하지만, 가정이나 상점에서 포장용으로 사용하는 플라스틱을 제로로 하자는 시민운동이다.

플라스틱제로운동이 시작되고 있다. 여러 장점이 있지만 플라스틱제로운동으로 얼마만큼 환경문제를 줄일 수 있을까? 플라스틱제로 운동이 플라스틱 문제를 영향력 있게 해결하기 위한 운동의 방향과 방법은 무엇일까?

합성섬유를 플라스틱이라고 하지는 않지만 환경에 미치는 영향은 무시할 수 없다. 면이나 천연 털실 등을 제외하면 대부분 합성섬유로 옷을 만든다. 폴리에스테르, 나일론, 아크릴 섬유는 고분자화합물로 만든 합성섬유이다. 플라스틱과 같은 이유로 자연에서 분해되지 않아서 시간이 경과하면 미세플라스틱과 같은 조각으로 되어 생태계에 영향을 미친다. 우리나라는 헌 옷을 수출하는 세계 5위 국가이다. 가난한 개도국에서는 헌 옷을 수입하여 입을 만한 것은 골라내고 나머지는 쓰레기로 버린다. 그런 헌 옷 쓰레기가 산더미처럼 쌓인다고 한다. 플라스틱 못지않게 헌 옷, 헌 옷 쓰레기에 대한 관심이 필요하다.

물고기를 잡을 때 사용하는 그물도 합성섬유로 만든 것이고 어망의 위치를 표시해 놓은 부표도 플라스틱이다. 어망과 부표로 인한 해양 환경 피해도 매우 크므로 마찬가지로 주의를 기울여야 한다.

(1) 해양 쓰레기로 덮인 하와이의 카밀로 비치
(2) 깨끗한 포르투갈의 카밀로 비치

　최근에는 하와이에 쓰레기가 쌓이기 시작했다. 카밀로 비치(Kamilo Beach)인데 플라스틱 쓰레기가 대부분이라 플라스틱 비치라고도 한다. 또 태평양 한가운데 등 세계 몇 군데에 해류를 따라 모인 쓰레기가 섬을 이루고 있다. 1997년 태평양 가운데 바람이 거의 없는 지역에 거대한 섬이 발견되었다. 한반도 면적의 6배나 되는데 플라스틱을 포함하는 쓰레기 섬이다. 세계적으로 엄청난 양의 플라스틱이 바다로 유출되니 이런 일도 생긴 것이다.
　UN이 정한 지속가능발전 목표 17개 중 하나로 해양생태계 보호를 선정하는 등 해양생태계 보호가 중요하다고 하는 인식이 확산되고 있다. 해양쓰레기가 해양생물에 얽혀서, 먹이로 착각하여, 생물체가 먹으면 결국 죽고 또 쓰레기가 서식지를 훼손하는 등의 문제가 있다.
　해양쓰레기를 치우는 것이 새로운 과제로 되었다. 해양쓰레기 중 플라스틱이 차지하는 비중은 80% 정도로 추정된다. 그러면 해양에

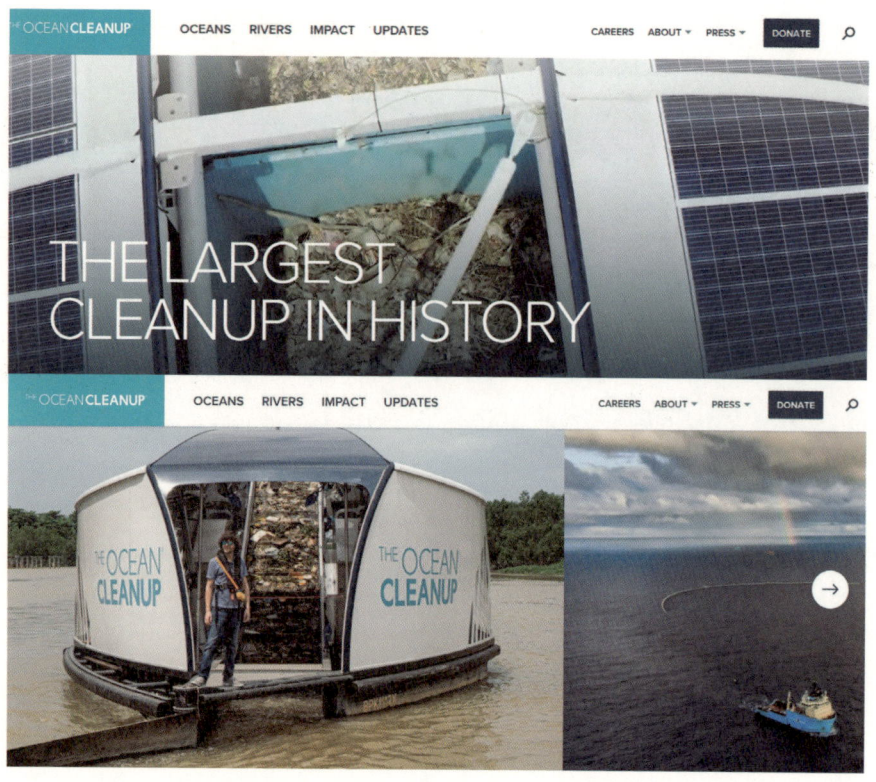

보얀 슬랫의 바다 쓰레기 청소 장치

유입되는 플라스틱 쓰레기를 줄이는 것이 가장 중요하고, 유입된 것은 생분해되게 하든가 치워야 한다. 아직 생분해되는 쓰레기는 많지 않으니 현재로서는 쓰레기를 치워야 한다. 해안가 모래사장에 있는 쓰레기를 치워야 한다. 그리고 바다에 떠다니는 쓰레기를 치우는 것이 중요하다. 그중의 하나로 미세플라스틱을 수거해야 하는데 크기가 작아 쉽지 않다.

물속의 미세플라스틱을 제거할 수 있는 기술이 있다. 최근에 미세플라스틱 분리를 위해 정전기를 이용한 선별 기술이 실험실 수준에서 개발되었다. 향후 정수기에 도입될 수 있을 것이다. 그러나 바다가 문제다. 바다에서 미세플라스틱을 수거하는 것은 아직 꿈같은 이야기이다. 우선 쓰레기부터 수거해야 한다. 바다 쓰레기 수거를 위한 여러 새로운 기술도 소개되고 있다. 이러한 것도 눈 밝은 사람에게 기회가 될 수 있다. 보얀 슬랫(Boyan Slat)은 오션 클린업 회사를 설립하였다. 2014년 유엔환경계획 지구환경대상을 수상한 스무 살 청년으로 바다 스스로 쓰레기를 청소하게 만든 장치를 개발하여 시험 적용 중이다.

눈에 보이는 바닷가 쓰레기를 치우는 것은 중요하다. 그래야 파도에 쓸려 바다로 가지 않을 것이다. 그러나 자원봉사만으로는 한계가 있다. 쓰레기를 치우는 데는 비용이 발생한다. 그러나 바다의 플라스틱 쓰레기를 치우는 일은 돈이 되지 않으니 누구인가가 지원해야 한다. 아니면 국가에서 부담해야 한다. 시급성 면에서 여러 당면 과제들보다 국가 예산을 우선 사용할 수 있을까? 우선 사용해야 한다면 왜 그럴까?

2. 에너지산업이 기후변화를 바로잡는다

「투모로우The Day After Tomorrow」는 2004년 영화이다. 기후학자 잭 홀 박사는 남극에서 빙하를 조사하던 중 지구에 이상 기후변화가 일어날 것을 감지하고 국제회의에서 발표하였다. 그러나 인정받지 못하고 궤변으로 인식되고 만다. 아들은 퀴즈대회에 참가하기 위해 뉴욕에 갔는데 여기서 갑작스러운 추위에 고생한다.

미국 전역에 빙하기 같은 추위가 시작된 것이다. 도서관으로 대피했지만 여전히 추위에 떨다가 어쩔 수 없이 도서관의 책들을 태운다. 너무 추워서. 그 장면은 지금도 기억이 난다. 해양 온도가 13도나 떨어지는 등 재앙 같은 추위가 갑작스럽게 오게 된다. 그제서야 백악관에서는 잭 홀 박사에게 자문을 받기 시작한다. 아들을 사랑하는 아버

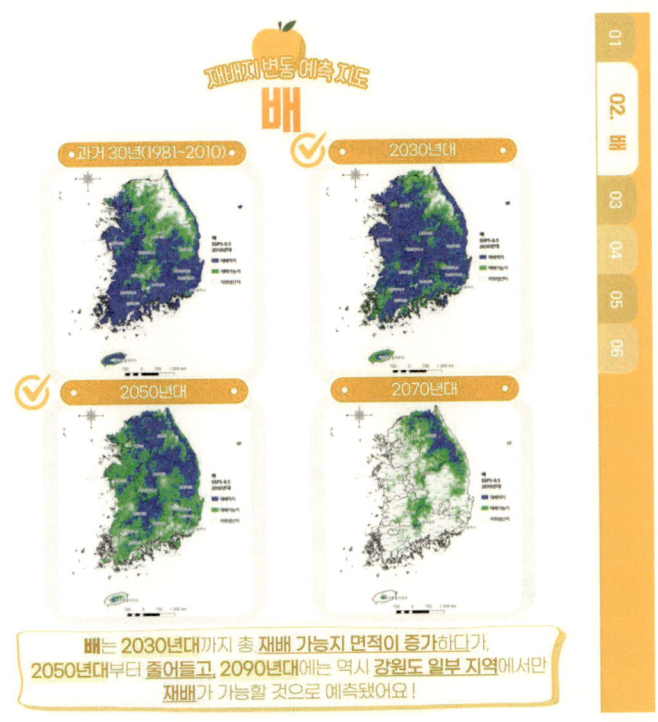

농촌진흥청이 기후변화 시나리오를 활용해 만든 '작물별 재배지 변동 예측 지도'

지는 아들이 있는 뉴욕으로 간다. 부성애를 보여주는 감동적인 영화이다. 빙하가 녹으면 바닷물이 차가워져 해류의 흐름이 바뀐다. 그러면 결국 지구 전체가 빙하로 뒤덮인다는 논리이다. 이 논리가 그럴듯하게 보이는데 과연 그렇게 될까?

기후변화 뉴스는 우리를 우울하게 만든다.

과거에는 기후변화, 지구 온난화로 사과 재배지가 대구에서 충청도로 조금씩 이동하고 있다는 뉴스를 접하면서 우리나라가 좀 더 따뜻해지고 있구나 정도로 생각했다. 사과, 배 산지가 북쪽으로 올라가고 남해안에는 아열대 식물이 자라게 되겠지. 캐나다나 시베리아가 덜 추워지면 살기 좋아지고, 밀 등 곡식의 수확량이 증가하겠지, 대신 미국은 더워지고 식량 생산은 감소하겠지 하는 정도로 나와는 크게 상관없는 것으로 생각한다.

그런데 뉴스는 그 이상으로 우리를 놀라게 하고 우울하게 한다.

'설국으로 변한 사하라 사막', 세계에서 가장 건조하고 더운 지역의 한 곳인 사하라 사막에 눈이 내렸다.
텍사스가 갑자기 추워져 정전이 되고 공장들이 폐쇄되었다.(2021년 1월)
캐나다 동부는 평소 20도 정도의 좋은 날씨인데 7월에 49도까지 기온이 상승하고 산불이 계속되고 있다.(2021년 7월)
미국 중부에 역대 최고로 강한 토네이도가 오고 필리핀의 세부에 역대 최대의 태풍이 와서 물과 전기가 끊겨 고생하고 있다.(2022년 1월)
북반구에서 폭염 타격이 가장 큰 곳은 유럽이다. --영국은 고열로 철로가 휘어져 사고가 우려된다며 대중교통 이용을 안내했다.(2022년 7월) 등

이러한 기후변화에 대하여 선진국은 기술로 대비하고 기후변화를 경제발전의 동력으로 활용하고 무역 장벽을 쌓는다. 기후변화를 1.5도 낮추는 목표를 21세기 중반까지 달성해야 한다는 선진국 주장에 대해 우리는 어떻게 대처하는가 생각해본다.

선진국은 기후변화를 명분으로 선진국의 지위를 유지하고 싶은 욕심도 일부 고려되었을 수 있다. 그러나 탄소중립이라는 시대의 흐름에 우리가 가만히 있으면 산업이 타격을 받는 시점에 이를 것이다. 탄

그림 2.5 기후변화로 인한 영향들

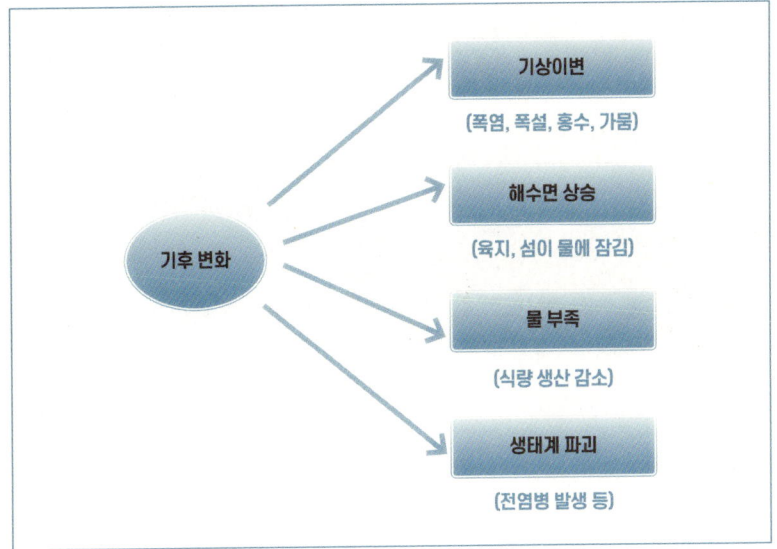

소중립에 적극 대응하지 않으면 수출에 문제가 생기고 산업경쟁력도 떨어지는 등 경제적인 문제가 생긴다. 적극 대응하면 국제사회의 일원으로 자존심을 지키며 동시에 새로운 일자리와 먹거리로 경제발전을 리드할 수 있다.

기후변화, 과연 무엇에 주목할지 하나씩 점검해보자.

기후변화로 섬이 물에 잠기는 경우를 생각하자. 얼마 전 마셜군도 공화국[10]의 환경장관은 해수면이 올라와 섬들이 물에 잠긴다고 위기를 하소연했다. 물에 잠기는 것을 막을 수 있는 단기적으로 방파제 설

---

10 마셜군도 (Marshall Islands) : 오세아니아의 태평양 중서부에 있는 섬나라. 1986년 독립하였다. 면적은 181㎢, 인구 68000명 (2012)

마셜군도

    치 등의 조처를 취하려면 그리고 장기적으로 탄소중립을 추진하려면 천문학적 예산이 필요하다. 그러나 태평양의 작은 섬나라의 국민 수만 명을 살리기 위해 지구상의 수억 인구가 사용할 수 있는 예산을 사용하는 것에 반대하는 의견이 존재한다. 경제발전에 사용할 예산 그리고 빈곤을 해결할 예산을 탄소중립에 사용하는 것에 반대하는 것이다. 기후변화로 인한 해수면 문제를 너무 심각하게 생각하지 말자는 것이다.

    태평양의 작은 나라의 일이라고 생각하고 우리가 무관심해도 되는가. 논리적으로 답하기 쉽지 않을 때 극단적인 경우를 생각하게 된다. 기후변화가 진행되어 해수면이 높아지면 부산 등 남해안이 물에 잠기는 경우를 상상할 수 있고 남의 일이 아니라고 생각하게 된다.

기후변화의 요인들

빌 게이츠의 책 『기후재앙을 피하는 법』에 있는 데이터를 인용하면 온실가스 배출량 중 인간의 행위가 차지하는 비중은 다음과 같다.

메탄은 대표적인 온난화가스인 이산화탄소로 환산하였다.
- 제조(시멘트, 철강, 플라스틱 등) 31%
- 전력 생산(발전) 27%
- 무언가를 기르는 것(동물, 식물) 19%
- 운송(비행기, 자동차, 선박 등) 16%
- 생활 냉난방, 냉장고 등 7%

우리나라의 패턴은 위의 수치와는 다소 다르다. 발전과 제조 부문에서의 온실가스 배출은 72%를 차지하고, 향후 석탄사용을 줄이고 전기자동차의 보급 등으로 발전 수요가 증가하면(2-3배까지 증가 예상) 그 비중은 더 커진다.

어떤 경우이든 온난화 가스의 배출을 줄여야 하는데 이것을 몇 가지 카테고리로 나누어 생각한다. 공장, 발전소, 자동차, 이산화탄소의 포집과 변환, 메탄가스 관련.

2.1 이산화탄소 발생을 줄이는 기술이 제조업을 바꾼다

우리나라가 세계적인 경쟁력을 갖고 있는 철강산업, 화학산업 등은 에너지를 많이 소비하여 이산화탄소를 많이 배출하는 업종이다. 이제는 배출을 줄여야 한다.

철강업계의 강자가 바뀔 수 있다

우리나라의 포스코는 세계적인 제철기업이다. 오래전 세계 최고 수준의 제철 기술을 개발하여 세계적인 경쟁력을 갖고 있는 기업이다. 그런데 이제는 정부의 탄소중립 정책에 따라 현재의 제철 방식을 바꾸어야 한다.

철강석(산화철)[11]을 고로에서 코크스를 이용하여 반응시키면 철이 얻어지고 부산물로 이산화탄소가 나온다. 현재 사용하는 방법이다. 다른 방법은 코크스를 이용하는 방법 대신에 수소를 이용하는 것이다. 그러면 철이 얻어지고 부산물로 물이 나온다. 이 자체만 보면 수소를 이용하는 방식이 매력적이지만, 현재의 기술개발 수준으로는 기존 방식의 장점을 넘기에는 아직 해결해야 할 기술 장벽이 높다. 수소를 연료로 사용하는 친환경 공법은 부산물로 이산화탄소가 발생하지 않고 물이 발생한다. 이러한 장점도 있지만, 기술적인 면, 경제적인 면 등 아직 해결해야 될 문제는 많이 있다. 2030년까지 기술 검

---

11 철광석(산화철)에서 철을 얻는 방법은 두 가지이다. 산화시키든가 환원시키는 것이다.
   (1) 산화철 + 탄소 (코크스) -> 철 + 이산화탄소,
   (2) 산화철 + 수소 -> 철 + 물

증을 하고 2040년까지 상용기술 개발을 끝내고 2050년에는 공장을 완공하겠다고 한다. 획기적인 기술 개발과 다양한 아이디어들이 동원될 것이다.

수소를 사용하는 경우 수소를 얻는 방법에 따라 친환경 정도가 달라진다. 수소를 태양광이나 풍력 등 재생에너지를 이용하여 물을 전기분해 시켜 얻을 수 있는데 이를 그린(green) 수소라고 한다. 수소를 석유생산 과정에서 나오는 부산물이나 천연가스로부터 얻을 수 있는데 이를 그레이(grey) 수소라고 하여 그린수소에 비하여 환경친화성이 낮은 것으로 평가한다. 그러나 그레이 수소를 제조하는 과정에서 발생되는 이산화탄소를 배출하지 않고 저장하거나 다른 용도로 사용하면 블루(blue) 수소라고 하여 그레이 수소에 비하여 환경 친화성이 높은 것으로 간주한다. 이와 같이 어떤 에너지를 얻을 때 어떤 방법을 사용하느냐가 중요한 것이다. 최종적으로 친환경성은 돈으로 환산될 것이다.

철을 얻는 방법의 하나로 부분적으로 전기를 사용하는 방법이 있다. 고철을 사용하는 경우 장점이 있으며 이산화탄소 배출량은 고로의 25% 수준이다. 그러려면 막대한 투자가 필요하다. 그랬을 경우 경쟁력을 유지할 수 있느냐 하는 것도 이슈가 된다. 또 이러한 목적으로 전기로를 사용하는 방식을 택하는 경우 전기를 생산하는 방식이 이산화탄소 배출을 줄여야 기후변화에 의미가 있는 것이다. 그렇게 생각하면 발전 방식과 연계하여 검토되어야 하는 어려운 이슈이다.

실제로 포스코는 1992년부터 10년간 연구개발로 '파이넥스(FINEX)' 제철 기술을 개발하였다. 이 기술은 세계 최고 수준의 기술로서 포스코의 경쟁력을 제고시키는데 크게 기여하였다.

누가 환경 친화적이면서 우수한 기술을 개발하느냐에 따라 향후 철강 업계의 판도가 달라질 것이다.

화학 산업이 재편된다

얼마 전 세계 최고의 화학회사인 바스프(BASF)는 탄소 배출을 25% 줄이겠다고 발표하였다. 웬만한 화학 회사이면 이산화탄소 배출을 줄이는데 소극적이다. 어떻게 그렇게 줄일 수 있겠냐고, 실현될 수 없는 무리한 계획이라고 한다. 그런데 바스프는 그렇게 하겠다고 하였다. 그 어려운 미션을 달성하는 과정에서 새로운 비즈니스를 선도하고 기존의 비즈니스는 경쟁력을 강화하고자 하는 기업의 비전과 의지가 있는 것이다.

그러려면 천문학적인 돈을 투자해야 한다. 한 회사가 감당하기에는 만만한 금액이 아니다. 그래서 선제적으로 발표하면서 정부의 투자와 지원을 끌어내고자 하는 전략도 있어 보

억새

였다

화학회사의 경우 석유에 의존하는 석유화학제품이 많다.

석유화학제품을 사용하고 버리거나 소각하면 궁극에는 이산화탄소가 발생한다. 그러나 식물 유래의 바이오매스(biomass)[12]를 사용하면 식물이 자라는 과정에서 이산화탄소를 흡수 사용하므로 전체적으로 보면 이산화탄소 배출은 거의 없다. 이산화탄소 배출을 줄이는 방법의 하나는 바이오매스 유래의 바이오화학으로 가는 것이다. 우리나라는 미국에 비하여 바이오화학 산업의 추진이 몇 년 늦었지만, 삼양사, 롯데케미칼, 노루페인트, GS칼텍스, LG화학, 코오롱인더스트리 등이 바이오화학을 리드하기 시작하였다.

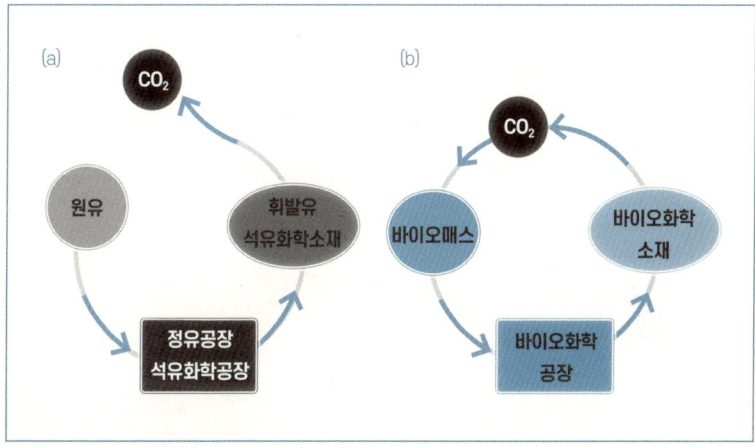

그림 2.6 석유화학(a)과 바이오화학(b).
바이오화학은 이산화탄소 배출이 거의 없다. 향후 바이오화학은 석유화학의 상당 부분을 대체하는 산업으로 발전할 것이다.

---

12 바이오매스(biomass) : 일반적으로 식물의 광합성에 의하여 생성되는 식물체를 뜻하는데 구체적으로는 옥수수, 사탕수수, 나무, 억새풀 등이다.

오래 전에는 석탄으로부터 화학소재를 얻었다. 석탄화학이라고 한다. 그러다가 20세기 중반이후 석유로부터 화학소재를 얻는 석유화학으로 패러다임이 바뀌었다. 최근에는 석유자원의 한계와 기후변화 이슈로 바이오화학으로 패러다임이 바뀌고 있다.

석유화학 기술의 발달로 휘발유 등 연료, 고분자 플라스틱, 합성섬유, 용매 등 화학제품을 생산하는 석유화학 산업이 발달하였다. 화학 산업의 꽃이라는 플라스틱은 쇠 등의 금속을 대신할 수 있는 강도를 가진 엔지니어링 플라스틱까지 등장하여 이제는 플라스틱 제품이 우리의 산업과 생활에 깊숙이 들어와 플라스틱이 없는 문명은 생각도 못하는 것이다. 플라스틱으로 인한 환경 문제는 주로 폐기물 문제, 첨가제에 의한 인체에의 피해 등이었다. 최근에는 기후 변화의 주 원인인 이산화탄소 배출을 줄여야 한다는 필요성이 대두된 것이다.

지금까지의 플라스틱은 주로 석유자원을 이용하고 있다. 꼭 그래야 하는가? 석유는 식물이 오랫동안 땅속에서 압력, 열 등에 의하여 액체로 변환된 것이다. 그러니 생각을 바꾸면 식물자원을 직접 이용할 수도 있는 것이다. 바이오매스(biomass)라고 하는 바이오자원을 원료로 하여 미생물을 배양하면 화학소재가 만들어지고 이것을 화학적으로 중합하면 플라스틱을 만들 수 있다. 대표적인 것이 PLA인 것이다. 미생물을 배양하면 젖산(lactic acid)이 만들어지고 이것으로부터 PLA를 만든다. PLA는 생분해성이 있어 다용도로 사용된다.

유리 대체품 등으로 알려진 아크릴(acrylate) 플라스틱은 석유화학적인 방법으로 만든다. 우리나라의 한 화학회사는 이것을 년 약 백만 톤 생산한다. 세계 최대 규모이다. 이것을 생산하는 과정에서 이산화탄소가 많이 배출된다. 또 아크릴 고분자를 사용하고 버리거나 소각하면 이산화탄소가 배출된다. 최근 이것을 바이오매스로부터 만드는 기술이 개발되었다. 바이오기술과 화학기술이 같이 사용된다. 바이오매스는 공기 중의 이산화탄소를 이용하여 자라는 바이오매스를 이용하므로 사용 후 이산화탄소가 배출되더라도 탄소 중립이 되어 환경에 큰 문제가 되지는 않는다. 물론 생산 과정에서 어느 정도 이산화탄소가 배출되지만 석유화학적인 방법에서도 마찬가지이다.

이렇게 바이오매스를 이용하여 생산되는 화학제품을 바이오화학 제품이라고 한다. 간단히 이야기하여 바이오화학이라고 부른다.

바이오화학 제품의 하나인 바이오플라스틱[13]은 바이오 유래의 플라스틱을 말한다. 그러나 자연에 존재하는 녹말, 셀룰로오스, 알긴산 등도 고분자화합물이지만 바이오플라스틱이라고 하지 않고 많은 경우 천연물이라고 한다. 바이오플라스틱을 사용하므로 이산화탄소 배출을 줄일 수 있다. 그리고 어떤 바이오플라스틱은 생분해성이 있다.

바이오화학 산업은 이제 시작이다. 석유화학적 방법으로 생산해 왔던 화학 소재를 하나씩 바이오화학 제품으로 대체하고 있다.

바이오화학은 지속가능성, 이산화탄소 저감 효과가 있다. 바이오화학도 LCA(LIfe Cycle Analysis)를 통해 전주기 환경 영향을 평가하여

13 고분자는 소재 이름을, 플라스틱은 제품을 가리킨다. (예) -- 고분자를 이용하여 -- 플라스틱을 제조한다. 바이오플라스틱은 석유화학플라스틱에 대비되는 용어이다. 바이오플라스틱에는 생분해되는 것도 있고 아닌 것도 있다.

야 한다. 평가 도구로 산업통상부의 COOL, 국가청정생산지원센터의 PASS 등이 있다.

다른 제조업의 경우에도 이산화탄소 배출을 줄이기 위한 기술을 개발하고 있지만 문제는 얼마나 빠른 시일 내에 실용화할 수 있냐는 것이다. 2000년대 중반까지 지구 온도 상승 목표가 1.5도인데 그 전에 목표를 달성해야 의미가 있다. 여기에는 기술 개발과 실용화라는 두 단계를 거쳐야 하는데 시간과 비용이 많이 소요되어 언제 의미있게 실행될는지는 미지수인 것이다[14].

그림 2.7 바이오화학기술을 이용하여 만들 수 있는 제품의 하나인 플라스틱
(예시). PLA, PHA는 생분해성이다. 아크릴은 석유화학제품을 일부 바이오제품으로 대체한 것이다.

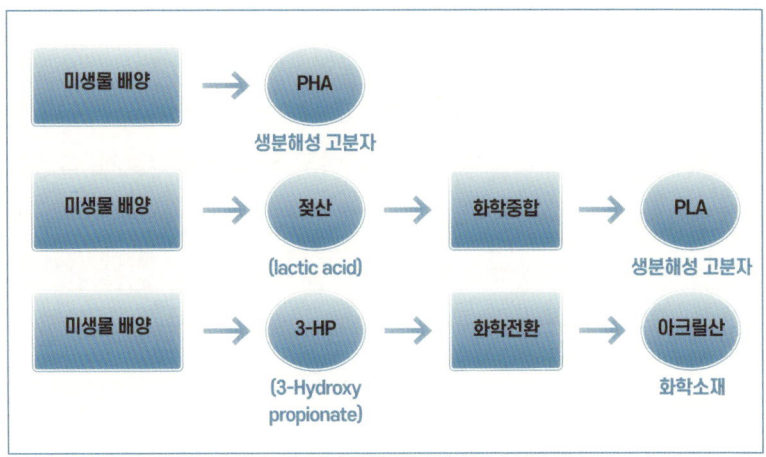

14　IEA(국제에너지기구)에서 발행한 에너지기술전망(ETP, Energy Technology Perspectives) 보고서에 따르면 현재의 수준에서는 불가능해 보인다.

#인터뷰 : 송봉근박사 (한국화학연구원)

바이오화학이 환경 보전에 기여하고 있습니까

석유화학에서는 원유를 기반으로 에너지, 플라스틱, 각종 기초 화학물질을 제조하고 있으나, 바이오화학에서는 이산화탄소와 물을 활용하여 광합성으로 매년 반복적으로 생산되는 바이오매스(식물자원)를 주로 사용하고 있습니다. 석유화학의 경우 원유와 같이 채굴 가능한 매장량에 한계가 있는 유한자원을 활용하는 반면 바이오화학의 경우는 매년 자연 순환과정에서 반복적으로 생산되는 무한자원을 활용하는 편입니다.

유엔 산업개발기구의 과학기술국(ICS UNIDO)에서 발표한 바에 따르면 이와 같은 바이오매스 자원은 매년 1,700억 톤이 생산(축적)되고 있으며 이 중에서 바이오화학산업에서 주로 사용되는 발효당의 원료인 전분, 셀룰로오스와 같은 탄수화물(carbohydrate)이 75%를 차지하고 있습니다.

현재 인류가 매년 식량, 하우징, 에너지를 비롯한 다양한 용도로 사용하고 있는 양은 전체 바이오매스 생산량의 약 3.5%(약 60억 톤)를 사용하고 있습니다. 한편 전 세계에서 매년 생산하는 플라스틱의 양은 약 3.5억 톤 정도로 알려져 있습니다. 총 바이오매스의 생산량에 비하면 매우 적은 양이라고 생각되지만, 자연생태계와 인류의 식량안보 및 경제성 등을 고려하면 현재 주로 사용하고 있는 전분 계통의 바이오매스는 식량으로 많이 사용하고 있으므로 확장하여 사용하는 데는 많은 제약을 받고 있습니다. 셀룰로오스계 바이오매스의 경우는 양이 많지만 될 수 있으면 자연생태계의 훼손을 최소화하면서 사용할 수 있는 바이오매스의 발굴이 필요하다고 생각됩니다. 이를테면 폐목재나 농업부산물(예, 옥수숫대, 팜유 생산 부산물) 등이 해당한다고 생각됩니다.

그러나 셀룰로오스계 바이오매스는 전분계 바이오매스와 달리 셀룰로오스 이외에 리그닌과 헤미셀룰로오스가 함께 강하게 결합되어있어서 이를 효율적으로 처리하여 발효에 필요한 발효당을 얻는 데는 많은 기술과 공정이 필요한 실정입니다.

플라스틱과 같은 제품 생산 공정 측면에서 보면 석유화학의 경우 많은 에너지와 압력을 사용하는 화학공정을 활용하는 반면, 바이오화학에서는 비교적 낮은 온도에서 효소나 미생물을 활용하여 플라스틱 원료를 제조하고 최종제품의 제조에는 화학공정을 함께 활용하는 융합공정을 사용하고 있습니다. 따라서 석유화학에 비해 이산화탄소를 이용하는 광합성 과정으로 얻어지는 바이오매스 원료를 사용하고 에너지 절약형 공정으로 제조되는 바이오화학 제품의 경우 이산화탄소 중립(carbon neutral)으로 평가되고 있습니다.

기후변화 협약으로 이산화탄소 배출규제에 대응하여야 하는 상황에서는 바이오화학산업은 환경 친화형 산업이라고 생각됩니다. 아울러 바이오화학으로 제조되는 바이오플라스틱 중에서 생분해성 플라스틱의 경우 플라스틱 폐기물의 많은 부분을 차지하는 일회용품과 비닐류의 포장재 등을 대체하여 미세플라스틱 문제를 해결할 수 있는 대안이 될

밀 수확

수 있다고 생각됩니다.

바이오화학의 우리나라 경쟁력은 어떻습니까

바이오화학산업은 석유화학에 비해 환경친화적인 공정과 제품으로 현재 이산화탄소 규제 및 급격하게 사회문제로 대두되고 있는 플라스틱 폐기물 문제를 완화할 수 있는 대안으로 부상하고 있습니다. 우리나라의 경우 유럽이나 미국과 비교해 연구개발의 출발이 늦은 편이고 산업체의 관심도 낮은 편이었습니다. 그러나 플라스틱 폐기물이 해양을 비롯한 자연 생태계의 파괴와 미세플라스틱으로 인하여 인류가 위협받기 시작하여 세계적인 논쟁거리가 되면서 우리 정부와 산·학·연의 관심이 높아지기 시작하였습니다.

한편, 2021년 5월 호주의 비영리기관인 민더루재단(Minderoo Foundation)이 발표한 바에 의하면 2019년도 우리나라 인구 1인당 일회용 플라스틱 폐기물 배출량은 44kg으로 호주(59kg), 미국(53kg)에 이어 G20 국가 중 3위를 차지하고 있습니다.

이와 같은 일회용 플라스틱을 비롯한 각종 플라스틱 폐기물의 환경오염을 줄이기 위한 대안으로 바이오화학 제품 중 생분해성 플라스틱이 대안으로 떠오르고 있습니다. 그동안 우리나라의 경우 생분해성 플라스틱을 직접 생산하기보다는 해외에서 생분해성 플라스틱 원재료를 수입하여 중소·중견기업이 완제품을 성형하는 수준에 머물러 있었습니다.

그러나 최근에는 대기업을 중심으로 직접 생분해성 플라스틱 원재료 생산계획을 발표하고 있습니다. 이와 같은 기업으로는 ㈜CJ에서는 PHA(Poly Hydroxy Alkanoate), LG화학은 PLA와 함께 티케이케미칼과 '친환경 생분해성 소재 PBAT(Poly Butylene Adipate-co-Terephthalate) 개발과 사업화, SKC에서는 고강도 PBS(Polybutylene succinate) 생산계획 등을 발표하고 있습니다.

그러나 우리나라의 바이오화학산업은 가야 할 길이 아직은 멉니다. 2021년 4월

한국과학기술기획평가원에서 발표한 기술 수준 평가보고서에서는 우리나라 바이오화학산업의 경쟁력은 미국을 100으로 치면 85 정도로 평가되며 이는 약 3~4년 뒤지고 있는 것으로 평가됩니다.

바이오화학연구센터는 어떤 일을 합니까

석유화학 산업단지가 있는 울산에 세워진 바이오화학연구센터는 2016년에 개소식을 하여 본격적인 연구와 실용화를 추진하고 있습니다. 바이오화학연구센터에서는 산업통상자원부의 지원으로 학계, 산업계와 함께 파일롯 규모의 셀룰로오스계 바이오매스 자원을 활용하여 일 200톤 이상의 발효당을 제조할 수 있는 설비를 구축하고, 실험을 통하여 경제성 있는 발효당 생산 가능성을 확인하였습니다. 바이오 나일론의 아민계 단량체인 카다베린(cadaverine), 생분해성 폴리에스테르의 단량체인 글루타릭산(glutaric acid) 생산기술을 개발하였습니다. 바이오플라스틱으로는 고강도의 PBS의 개발과 응용제품, 고강도·고내열의 바이오 슈퍼 엔지니어링 플라스틱 등 다양한 기능성 바이오 플라스틱을 개발하여 산업체와 함께 실용화를 추진하고 있습니다.

한국화학연구원

2.2 새로운 방식으로 전기를 생산한다

빌 게이츠가 투자한 테라파워 회사는 미국의 와이오밍주에 345 MW 규모의 소형모듈원전(SMR, Small Modular Reactor)을 건설한다고 발표하였다. 나트륨 방식으로 상대적으로 안전하며 25만 가구에 전기를 공급할 수 있는 규모라고 한다. 참고로 기존의 원자력 발전소의 규모는 1000MW 정도이다. 기후변화의 영향력, 시장 규모, 새로운 시장 등의 관점에서 임팩트가 큰 것이라고 생각하여 투자한 것으로 생각된다.

영국에서는 항공기 엔진 기업인 롤스로이스가 470MW 규모의 소형모듈원전을 건설한다는 계획이다. 세계 여기저기서 소형모듈원전 건설 계획을 발표하고 있다.

현재 발전을 위하여 최근 사용하는 방식은, 석탄 36%, 천연가스 23%, 수력 16%, 원자력 10%, 재생에너지 11%, 기타 4%(발전 용량은 이와는 다르다.)이다. 석탄, 석유 대신에 재생에너지 등으로 이산화탄소 배출을 줄이는 것은 매우 어려운 일임을 알 수 있다.

발전소에서의 이산화탄소 발생을 줄여야 한다. 그런데 전기자동차, 인공지능 등의 수요가 증가하면 전체적으로 전기에너지 수요는 계속 증가할 것이므로 상황은 더 어려워지고 있다.

최근 전기자동차가 매우 빠른 속도로 보급되기 시작하였는데, 전기자동차는 전기에너지를 필요로 하는 새로운 수요이다. 전기자동차의 수요는 2030년이 되면 2020년 수요의 10배가 되어 전력 수요의

10%를 차지할 것이라고 한다. 전기를 얻는 방법을 생각하면 발전소에서 이산화탄소 배출을 줄이는 것이 그리 만만한 것이 아니다.

또 다른 에너지 수요는 인공지능의 발전으로 인한 것이다. 2016년 알파고(AlphaGo)와 이세돌의 바둑 시합은 전 세계의 이목을 집중시켰다. 알파고의 승리 뒤에는 수많은 경우의 수를 계산한 슈퍼컴퓨터가 있었던 것이다. 슈퍼컴퓨터는 170kw의 에너지를 사용하였고 이세돌은 두뇌를 활용하였는데 이때 소모된 에너지는 0.02kw 정도로 추정된다. 알파고와 같은 인공지능이 발전할수록 에너지 소비량은 천문학적으로 증가할 것이며 이 에너지는 역시 발전소에서 만들어내야 하는 것이다. 미래에 우리 사회를 지배할 자율주행차도 기본은 인공지능이며 서버는 1800kw의 에너지를 필요로 한다.

향후 에너지를 많이 소비하지 않는 컴퓨터의 개발이 중요한 과제이다. 예를 들면 인간의 두뇌를 흉내 내는 인공지능 컴퓨터의 개발은 에너지 소비량이 매우 적을 것으로 예상된다. 현재로서는 인공지능 시대에 필요한 에너지 공급이 심각한 문제이다.

이러한 상황을 고려하면 전기에너지의 수요는 지금의 2배 이상이 될 것으로 예상된다. 또 송전, 배전 설비도 이에 따라 증가시켜야 하는데 이 또한 쉬운 일이 아니다. 그런데도 석탄 발전을 줄여야 한다. 발생되는 이산화탄소를 포집, 활용할 수 없다면 최종적으로는 폐쇄해야 한다. 그러려면 신재생에너지 보급을 확대하고 원자력에너지 사용을 적정 수준으로 유지해야 할 필요가 있다. 이산화탄소 배출을 어느 정도 의미 있는 수준으로 감소시킬 수 있어야 한다. 그러니 전세계적으로 원자력발전을 확대하고 있다. 물론 신재생에너지도 최대한 늘리고 있다.

신재생에너지를 대폭 확대하는 것 한계가 있다. 아직 발전 효율도 높지 않고 사계절이 있는 우리나라는 기상 조건에 따라 변하기도 한다. 게다가 전기에너지를 저장하는 것도 많은 투자를 필요로 하는 비싼 방법으로 용이하지 않다. 기술이 더 발전해야 하겠지만 그리 쉬운 일은 아닐 것이다. 기술개발을 위한 시간이 필요하다.

소형모듈원전이 대세이다

우리나라는 몇 년 전 정부가 바뀌면서 원자력발전 정책이 혼선을 가져왔지만 최근에는 에너지를 얻는 방법의 하나로 원자력발전을 포함시켜야 하는 것으로 정책이 제자리를 찾았다. 최소한 건설 중인 것, 가동하고 있는 원자력발전은 최대한 활용하고 더 안전한 원자력발전 방식을 개발하여야 한다.

사우디아라비아는 산유국으로 석유가 풍부하지만 장기적으로 새로운 에너지가 필요하다고 판단하여 초기에는 태양광에너지에 투자하였다. 사막 지역이라 태양광에너지가 좋을 듯했지만 사막의 모래 등으로 관리가 어려워 이제는 원자력에너지로 방향을 바꾸었다. 사우디의 경험을 세부적으로 살펴보는 것도 의미가 있을 것이다.

또 최근 소형모듈원전이 하나 둘 실용화되기 시작하여 약간의 실마리를 찾은 듯하지만, 아직 보급 초기 단계라서 에너지 문제의 해결사가 되기까지에는 시간이 소요될 것이다. 그래도 작은 지역 단위로 소형모듈 원자력발전을 보급하는 것은 의미가 있을 것이다.

　소형모듈 원자력발전은 원자로, 증기발생기, 냉각펌프 등을 하나의 용기에 넣은 소규모 원전으로 기존의 원자력발전소에 비하여 안전성을 높이고 투자비를 낮춘 장점이 있어 미래의 발전으로 생각되고 있다. 송전, 배전 설비 투자도 줄일 수 있다. 미국, 영국, 프랑스 등 선진국이 경쟁을 하며 우리나라도 개발하고 있다.

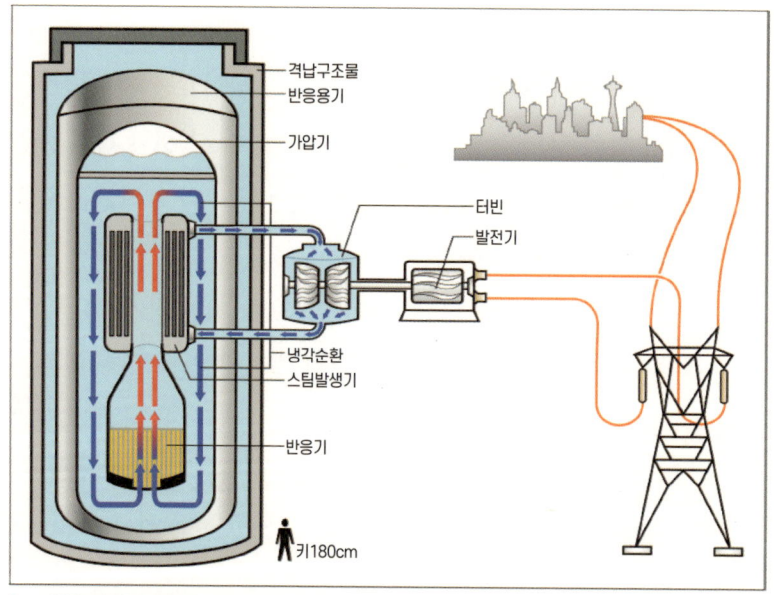

소형원자력발전 장치 모식도

원자력 발전 - 위험성과 탄소중립의 대립

얼마전까지 우리나라 정부는 원자력발전을 유지, 확대하는 것에 대하여 부정적이었다. 대통령 취임 직후에 많은 토론도 하지 않고 원자력 발전을 축소하였다. 원자력발전에는 위험성이 수반된다. 1979년 3월 28일 저자는 미국 펜실베니아주의 한 도시에 출장 중이었다. 일요일 아침의 뉴스는 많은 이들을 놀라게 하고 공포에 떨게 하였다. 펜실베니아주의 Three Mile Island의 원자력발전소에서 방사능 누출이 일어난 것이다. 며칠을 불안하게 지냈던 기억이 있다. 그 이후 소련의 체르노빌 원자력발전소의 사고, 그리고 최근 일본 후쿠시마 원자력발전소의 사고는 많은 이들에게 원자력발전이 갖고 있는 위험성을 실감하게 하였다. 수많은 시민단체와 환경운동가들은 원자력발전을 중단할 것을 요구하였다. 정부에서는 안전한 원자력발전을 위한 기술개발에 막대한 예산을 투입하였고 새로운 개념의 발전 기술개발에 총력을 기울였다.

저자는 노무현정부 때 정부의 국가에너지위원회 위원으로 관련 회의에 참석하였다. 청와대에서 열린 첫 회의는 대통령이 회의를 주재하였다. 노무현대통령은 그 회의에서 재야에 있을 때는 원자력 발전이 위험하고 문제가 많은 듯하였으나 대통령이 된 후에 보니 제일 우수한 에너지라는 것이다. 원자력발전을 확대해야 하는데 환경론자들의 반발이 있을 것으로 예상되니 잘 준비하여 적절한 시점에 추진하여야 한다고 하셨다. 멋있는 발언이라고 생각했다.

일부 환경 운동가들은 시민들이 에너지를 아끼고 신재생에너지를 확대 보급하면 원자력에너지는 없어도 된다고 이야기한다. 에너지 자급 도시와 에너지 자급 문명을 추구해야 한다고 한다. 실제로 유럽의 인구가 얼마 되지 않는 소도시에서는 에너지 자급을 실현하는 곳들이 생기기 시작하였다. 과연 우리나라에서도 그리고 대도시에서도 현실적인 접근인가 생각해본다. 소도시에서는 실천가능하나 대도시 그리고 산업 발전을 위해서는 현실적인 대안이 아닐 것이다. 게다가 최근 전기자동차의 보급과 인공지능, 메타버스로 대표되는 4차 산업혁명은 과거보다 에너지를 더 필요로 한다.

2020년이 되니 탄소중립이 세계적인 이슈로 대두되면서 원자력발전은 포기할 수 없는 에너지원으로 새롭게 인식되고 있다. 이제 정부는 어떤 정책을 제시할 것인가? 에너지를 생산하면서 탄소 중립 목표도 달성할 수 있는 방법은 무엇인가? 원자력 발전을 살리느냐 죽이느냐 식의 이것이냐 저것이냐의 선택이 아닌 새로운 개념의 정책과 대안이 요구된다. 폐기물 처리 기술도 필요하다. 핵폐기물을 처리할 수 있는 기술이 있는지, 기술 개발을 위한 연구를 열심히 수행하는지, 한시적으로 보관할 장소가 있는지 등 생각할 이슈가 많이 있다. 현재 방식을 더 안전한 방식으로 계속 발전시켜 세계에서 제일 안전한 그리고 고효율의 원자력 발전으로 만들어야 한다. 소형모듈원전을 도입하는 것도 한 가지 대안이다. 장기적으로는 핵융합발전을 실현하여야 한다. 또 무엇이 대안이 될 수 있을까 생각해보자.

아프리카 어느 나라에서는 경제 발전이 중요하고 경제 발전을 위한 에너지가 필요하다고 한다. 그런데, 에너지 자원 (수력, 석탄, 석유, 천연가스)이 별로 없어 원자력 발전을 솔루션으로 검토하고 있다. 기술

미국 Three Mile Island의 원자력 발전소. 큰 원추형 모양은 냉각탑이고 앞의 원통형 모양이 반응기이다.

은 선진국의 기술을 사용한다. 부족한 예산은 차관으로 충당한다. 전문 인력은 초기에 외국인 전문가에 의존하고 향후 대학에서 교육하여 배출한다. 외국 기술, 자본, 인력에 의존하는 에너지 정책이다.

우리도 경제발전 초창기에 이런 방식을 많이 사용하였기에 어느 정도 수긍이 가지만 아프리카의 국가가 과연 잘 감당할 수 있을까 걱정이 되기도 한다. 당신이 자문관이라면 모든 것을 외국에 의존하는 이 제안에 찬성할 것인가 아니면 다른 의견을 제시할 것인가? 우리나라는 기술, 자본, 인력 면에서 세계 경쟁력이 있는가? 외국과의 협력 가능성에 대하여 생각하자.

새로운 에너지 기술이 필요하다

태양광 또는 풍력 발전을 하는 경우 에너지 저장장치로 배터리가 사용된다. 많이 사용되는 리튬배터리 70kg이 저장하는 에너지를 지방(fats)은 1kg이면 가능하다고 하니 에너지 저장 장치에도 인체의 효율적인 에너지 저장 시스템을 흉내내는 또는 그 이상의 혁신적인 개발이 필요하다. 장기적으로 기술의 혁신이 필요한 이슈이다. 배터리의 수명을 늘리고 재생 기술을 개발하는 연구도 필요하지만, 인체를 모방하는 등 새로운 개념의 에너지 저장 기술을 연구할 필요가 있다.

장기적으로는 핵융합발전, 인공광합성 등이 연구되고 있지만 실용화까지 넘어야 할 산이 너무 많아 2000년대 중반까지 1.5도 목표를 달성하는 데는 크게 도움이 되지 않을 것으로 예상된다.

태양이 주는 무한대의 에너지를 우리가 흉내내고자 하는 것이 핵융합이다. 이것이 실용화되면 인류의 에너지 문제는 사라질 것이라고 이야기 한다. 가끔 언론에 초고온 상태를 몇 초 동안 유지했는데 이것이 신기록이라고 보도하는 정도로 아직 가야할 길이 먼 것으로 보인다. 그러나 꼭 가야하고 언젠가는 성공할 것이다. 그때까지가 문제이다.

나무를 보자. 겨울에는 나무 가지만 있었는데 여름에 숲을 보면 나뭇잎으로 산이 가득한 것을 보면 이것이 자연의 힘이구나 하는 생각을 하게 된다. 나무는 광합성으로 나뭇잎, 열매 등을 만든다. 그것은 에너지이다. 인공광합성으로 포도당을 생산하면 식량과 에너지로 그리고 중간 생성물은 소재 등으로 사용할 수 있어 세계적으로 연구가 활발하게 진행되고 있다. 우리나라는 서강대에 인공광합성연구센터가 있다. 태양전지와 유사성이 있으므로 연구를 계속하면 미래에 여러 가지 기여할 것이다. 에너지기술로 특화된 한국에너지공과대학을 비롯한 대학과 연구소에서 이 이슈들을 연구한다고 하니 기대가 된다.

2.3 자동차는 이미 바뀌고 있다

자동차 이외에도 비행기, 선박 등이 유사한 경우이다.

2020년에 들어오니 자동차는 가솔린과 경유 차를 대체하여 전기자동차, 수소자동차(연료전지 자동차)로 방향을 잡은 듯하다. 차가 운행할 때 이산화탄소와 매연은 발생하지 않겠지만 전기와 수소를 어떻게 생산할 것이냐가 관건이다. 전기와 수소를 생산하는 과정에서도 이산화탄소가 많이 배출되지 말아야 하는 것이다.

유럽은 2035년에 내연기관 차량은 판매할 수 없게 하고, 선박도 청정 연료를 사용하는 화물선만 입항 가능하게 하는 등 친환경 방향으로 움직이고 있다. 서울시에서도 2035년에는 내연기관엔진 자동차의 등록을 허가하지 않겠다고 한다. 천연가스와 석유를 사용하는 선박화물선은 이산화탄소 배출의 3%를 차지하는데 최근 암모니아로 가는 선박을 개발 중이다. 물을 전기분해하여 수소를 얻고 공기에서 질소를 얻어 둘을 화학적으로 합성하면 암모니아가 얻어진다. 전기는 풍력이나 태양광으로 얻는 방법이 검토되고 있다. 항공기도 마찬가지로 친환경 에너지가 필요하여 새로운 기술이 시도되고 있다.

자동차의 경우 단기적으로는 가솔린을 대체하는 것으로 바이오에탄올을, 디젤을 대체하는 것으로 바이오디젤을 생각할 수 있다.

미국의 주유소에 가면 gasohol (가소홀) 이라는 이름으로 자동차 연료를 판매한다. gasohol은 gasoline과 alcohol의 합성어로 알코홀이 첨가된 가솔린이란 의미이다. 미국은 옥수수를 많이 재배하여 식량과 사료로 활용해 왔다. 남는 것을 활용해 옥수수로부터 녹말을 얻고 그것으로 에탄올(ethanol, alcohol 종류)을 생산하여 자동차에 연료로 사용하고 있다. 브라질은 사탕수수가 풍부하다. 그래서 사탕수수 (주성분은 설탕, sugar이다)로부터 에탄올을 생산하여 가솔린과 섞어서 또는 단독으로 자동차 연료로 사용하고 있다. 세계 최대의 에탄올 수출국은 브라질이다. 옥수수 또는 사탕수수 등 바이오자원을 활용하므로 바이오에탄올 (bioethanol)이라고 한다. 장기적으로 옥수수 등의 식량자원 대신 목질계 자원으로 만드는 것이 바람직하여 억새, 폐지, 폐목재 등을 활용하는 기술을 개발하여 일부 사용하고 있다.

바이오디젤(biodiesel)은 석유로부터 만들어지는 디젤과 대비시켜 식물성 기름으로부터 만들어지는 디젤이라 바이오디젤이라고

미국 미시간주에 있는 가솔린 주입장치. 에탄올을 10% 또는 그 이상 혼합한 가소홀을 주입할 수 있다.

한다. 오래 전 디젤엔진이 발명되었을 때는 콩기름으로부터 만든 디젤을 사용하였다. 그러다가 석유로부터 만드는 것이 경제적이라 생산 방식이 바뀐 것이다. 이제 이산화탄소 배출을 줄여야 하는 이슈가 있어 바이오디젤을 다시 사용하기 시작한 것이다. 바이오디젤은 콩기름, 유채유, 팜유 등 식물성 기름으로부터 만들 수 있다. 유럽은 농민들에게 바이오디젤을 이유로 보조금을 줄 수 있고 인도네시아 등은 식물성기름을 수출하면 경제적인 효과가 있어 모두 열심히 생산하고 사용한다. 이 과정에서 식물성 기름을 얻기 위하여 열대우림을 파괴하는 친환경적이지 않은 일들이 일어나고 있다.

그림 2.8 바이오에너지 생산 방법

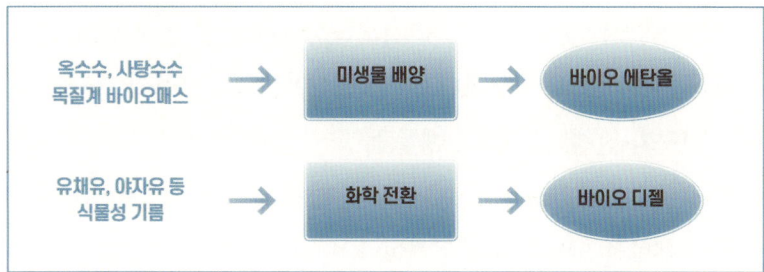

2.4 이산화탄소를 변환하는 기술이 필수이다

이산화탄소 또는 일산화탄소를 유용한 소재와 에너지로 변환하는 것은 의미가 있어 많은 연구가 진행되고 있다. 아직은 초기 단계에 있지만 점차 실용화를 향해 가고 있다.

이산화탄소 문제를 해결하는 방법 중의 하나로 배출되는 이산화탄소를 포집하여 지하에 가두는 방법이 많이 연구되고 있다. 또 나무를 많이 심으면 이산화탄소를 많이 흡수할 터이니 나무를 심는 방법도 사용되고 있다. 많은 방법들이 제안되고 있지만 과연 얼마나 이산화탄소를 흡수할 수 있느냐가 중요하다. 공기 중의 이산화탄소를 흡수하는 방법도 가능하지만 경제성이 없다. 그러니 현재로서는 공장의 굴뚝에서 이산화탄소를 포집하고 다른 것으로 변환하는 것에 관심이 많다.

우선 이산화탄소를 포집하여야 한다. 노르웨이의 아키카본캡쳐(Aker Carbon Capture)는 그러한 사업을 하고 있으며 스위스의 클라임웍스(Climeworks)는 공장 건설 계획을 발표하였고 우리나라의 에너지기술연구원에서는 키어솔(KIERSOL)이라는 기술을 개발하여 기업에 기술을 이전하였다.

이산화탄소와 유사한 온난화 가스로서 일산화탄소, 메탄이 있다. 그래서 이산화탄소, 일산화탄소, 메탄을 이용하여 유용한 소재를 만드는 연구가 진행되고 있다. 예를 들면 이산화탄소를 이용하여 프로필렌 카보네이트(propylene carbonate)를 만들고 이로 부터 폴리우레탄 소재를 개발하였는데 이는 쿠션이나 단열재로 사용 가능한 것이다.

이산화탄소를 일산화탄소로 변환 후 개미산 등의 화학 소재를 생산, 이산화탄소를 메탄으로, 메탄을 메탄올로 변환하는 기술에 대한 연구가 상당히 오래 전부터 진행되고 있고 부분적인 성과도 발표되고 있다.

이산화탄소는 식물이나 녹조류(algae)의 광합성을 통하여 녹말, 셀룰로오스 등의 당으로 변환된다. 우리는 이렇게 만들어진 당을 직접 식량으로 또는 분해하여 소재로 이용한다. 이산화탄소를 식물 등을 거치지 않고 직접 소재로 만들 수 있으면 이상적이다.

이산화탄소를 이용하기 위한 연구

이산화탄소 포집 외에도 이산화탄소를 이용하기 위한 연구가 수행되고 있다.

서울대의 현택환교수팀은 이산화탄소를 메탄, 에탄 등 탄화수소에

#이산화탄소 포집과 처리 연구개발센터

이산화탄소를 포집하고 저장하는 것을 CCS (Carbon Capture & Storage)라고 하는데 최근에는 여기에 활용(Utilization)하는 개념을 포함시켜 CCSU 라고 한다. 에너지기술연구소 산하에 '이산화탄소 포집과 처리 연구개발센터'가 설립되어 연구를 수행하고 있다. 연구 과제로는 이산화탄소 포집, 이산화탄소 수송 및 저장, 이산화탄소의 화학적 또는 생물학적 전환기술 등이다.

너지로 전환하는 광촉매를 개발하였다. 오래 전부터 이산화탄소로부터 메탄을 합성하는 것은 꿈의 기술로 여겨져 수많은 과학자들이 도전하고 있는 이슈이다. 이산화탄소는 버려지는 온난화가스인데 이것으로부터 에너지를 얻는다는 것은 1석2조의 꿈이다. 이제 꿈은 현실이 되어가고 있다.

포항공대 차형준교수팀은 이산화탄소로부터 바이오촉매(효소)를 이용하여 탄산염으로 전환하는 연구 결과를 발표하고 있다. 이것은 해양의 산호초를 모방하는 기술이다. 아직 초기 단계의 연구이지만 장기적으로 기대되는 기술이다.

한국에너지기술연구원의 민경선박사팀은 효소를 이용하여 이산화탄소로부터 개미산[15]을 만드는 연구를 하고 있다. 개미산으로부터는 다양한 화학소재를 만들 수 있다. 연구팀은 이산화탄소를 개미산으로 전환하는 효소를 찾았다. 그리고 여기에 전기화학적 방법을 가미하여 개미산을 합성하는 기술을 연구하고 있다. 효소를 개량하고 전기화학적 기술까지 개발하여야 하니 쉬운 일이 아니다. 성공하면 매우 임팩트 있는 성과가 될 것이다.

일산화탄소를 이용하는 기술 개발

일산화탄소도 다양한 공장에서 많이 배출되지만 대부분 상업적 가치가 없어 그냥 대기 중으로 방출되고 있는데 역시 지구온난화에 영향을 미치는 가스인 것이다. 울산과학기술원 김용환교수팀은 일산화

---

15 개미산 (formic acid) 포름산이라고도 하며 다양한 용도로 사용되는 화합물이다. 개미의 독에 포함되어 있어 개미산이라 불리운다.

그림 2.9 이산화탄소 이용하는 꿈의 기술

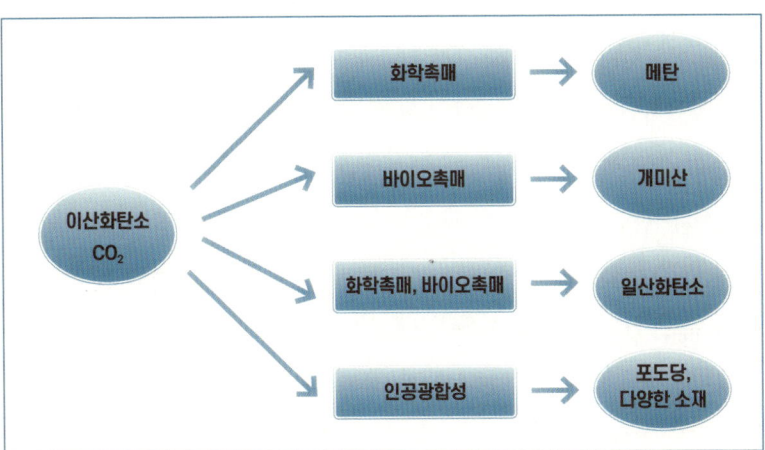

탄소에서 바이오촉매(효소)를 이용하여 개미산을 생산하는 기술을 개발하였다. 핵심 기술은 효소의 개발이다. 자연계에서 유사한 효소를 찾아 효소공학적인 방법으로 효소를 개량하여 상업적으로 가치가 있는 효소를 만든 것이다. 실험실에서의 기초연구를 끝내고 실증 시험 생산하고 있다.

#C1가스 리파이너리 사업단

산업 공정에서 발생하는 그리고 바이오가스의 성분인 C1 가스 메탄과 CO 가스를 효율적인 물질로 전환하는 기술을 연구하는 센터이다. 2015년에 정부의 지원으로 설립된 사업단으로 서강대학교 내에 있다. 화학 촉매 그리고 효소를 포함하는 바이오 촉매를 개발하여 유용물질로 전환하는 공정을 개발하는 것이 목표이다.

나무 심는 것이 돈이 된다

이 외에도 육지에서는 나무 심기 등으로 이산화탄소를 흡수하도록 하는 방안이 있다. 이러한 제도의 하나로 REDD(Reduced Emission from Deforestation and Forest Degradation)가 있다. 이것은 삼림 벌채와 산림 황폐화로부터 이산화탄소 배출 감소와 개도국 삼림 보존과 관리를 위해 진행하고 있는 사업으로 우리나라에서는 산림청이 담당하고 있다. 개도국의 삼림 보전 노력에 대해 탄소배출권 인센티브를 제공하고자 2008년 제안된 제도이다. 나무를 많이 심고 키우면 기후변화에 큰 도움이 된다는 것은 잘 알려진 사실이지만, 이제는 이산화탄소 흡수가 돈으로 환산되니 개도국이든 선진국이든 나무 심기가 주요 이슈가 되었다.

나무를 심는 것은 이산화탄소를 흡수하고 탄소를 저장하는 것이다. 탄소를 효율적으로 저장하기 위하여 GM(유전자조작) 나무에 대한 연구도 한창이다. 이에 대하여는 GM나무를 만들기 위한 유전자조작 기술에 대한 논쟁이 있다. 최근 개발되고 있는 외부의 유전자를 넣는 것이 아닌 그래서 안전하다는 유전자가위 기술을 사용하는 것에 대하여도 아직은 모두의 동의를 구하고 있지 못하다. 나무를 빨리 성장시켜 얻는 목재를 플라스틱 대체 소재로 그리고 나뭇잎을 퇴비화하여 여러 용도로 사용하는 것은 의미가 있을 것이다.

나무 심는 것을 기후변화와만 관련시키는 것은 나무만 보고 숲을 보지 못하는 것과 같다. 숲은 우리에게 많은 것을 제공한다. 숲에 들어가면 마음이 편안해진다. 곤충 등 다양한 생물이 존재하는 생태계이다. 그리고 숲에서는 나무가 내뿜는 피톤치드(phytoncide)를 마실 수 있어 건강에 좋다. 피톤치드란 나무가 세균과 해충을 퇴치하기 위해 내보내는 물질인데 우리에게 도움이 된다. 왜 우리에게 도움이 될까 생각해 보면 우리도 세균과 해충 등으로부터 다양한 공격을 받고 있으므로 퇴치하는데 피톤치드 성분이 도움이 되고 또 피톤치드의 대양한 성분이 우리 몸의 대사작용에 여러 가지로 도움을 주기 때문이다.

해양에서는 녹조류 (algae)를 키워서 이산화탄소를 흡수하고자 노력하고 있다. 녹조류로부터 유용한 소재, 에너지 등을 얻을 수 있어 역시 1석2조이다. 이산화탄소가 글로벌 이슈가 되면서 새로운 아이디어가 소개되고 있다. 예를 들면, 해양에 철분을 뿌리면 식물플랑크톤의 광합성이 증가한다. 그러면 이산화탄소의 흡수량도 증가한다. 이러한 목적으로 바다에서 녹조류를 배양하는 방법이 시도되고 있다. 녹조류에서 유용한 물질을 추출하여야 경제성이 올라갈 수 있으니 쉬운 일이 아니다.

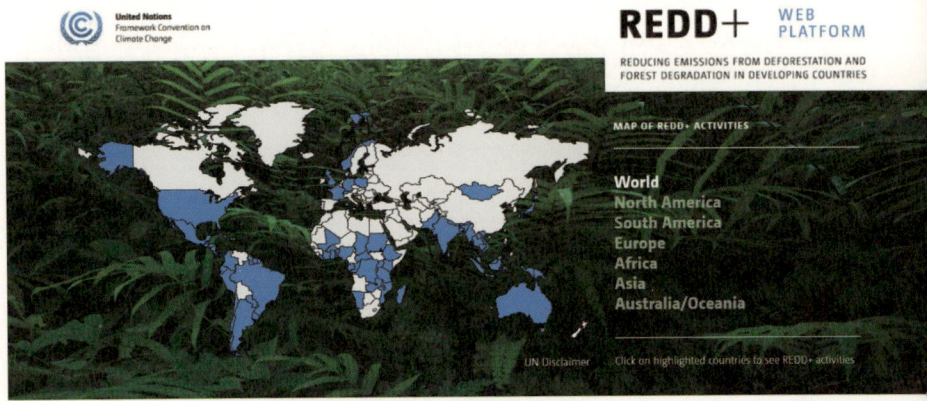

2.5 메탄가스로 소재를 생산한다

　1850년 이후 지구 평균 기온은 1.09도 상승하였는데 메탄으로 인한 것이 0.5도라고 한다. (국가 간 기후변화협의체 IPCC 보고서)
　메탄이 일부인 줄 알았는데 기후변화의 40% 정도는 메탄이라는 것이다. 놀랄만한 수치이다.
　메탄은 가축, 벼를 재배하는 논, 남는 음식물 처리시설, 폐기물 처리장 등에서 배출된다. 자연적으로 배출되는 것이니 어쩔 수 없다고 하기에는 영향이 너무 크다. 우리가 아는 혐기성[16]으로 쓰레기나 음식물을 처리하는 경우 메탄가스가 얻어진다. 도시 쓰레기 처리장에서는 메탄가스를 얻고 생성된 메탄가스를 태워 에너지를 얻으니 다행이다. 개도국 농촌에서는 가축의 분뇨를 혐기성으로 처리하여 메탄가스를 발생시키고 이를 주방용 연료로 사용하고 있는 점도 다행이다. 이 경우에 메탄을 연소시키면 물과 이산화탄소가 얻어지지만 기후변화 영향이 메탄보다 작고 에너지가 되니 의미가 있다. 가축은 전 세계 온실가스의 15%를 배출한다. 육류 소비량은 계속 증가하고 있으니 그 비중은 더 늘어날 것이다.

　벼농사, 가축이 내뿜는 메탄에 대하여는 지금까지 큰 문제를 삼지 않았다. 그렇다고 가축 수를 줄일 수 없고 벼농사를 축소할 수도 없다고 생각하여 문제 제기만 하였다. 농업 특히 축산업에서는 소가 메탄가스를 배출하는 것으로 알려졌다. 고기를 적게 먹거나 인공육으로

16　혐기성 (anaerobic) : 공기 중의 산소를 필요로 하지 않는다는 의미. 공기를 차단하면 혐기성 미생물이 증식할 수 있다.

대체하는 것이 대안이다. 그래서 식물성 인공육, 조직배양으로 인공육을 만들기 위하여 많은 연구가 수행되고 있다. 소가 내뿜는 메탄 발생량 줄이는 방법으로 소에 특수 마스크를 씌우는 방법 등이 연구되고 있다. 소에 특별하게 제작한 마스크를 씌우면 메탄이 물과 이산화탄소로 변환되고 5년간 지속적으로 사용가능하다고 하니 의미가 있다. 또 해조류를 첨가한 사료를 주니 소의 메탄 발생량이 현저히 감소(90%라고 보고) 되었다고 한다. 이 기술로 새로운 기업이 탄생하였다.

유엔기후변화 컨퍼런스 (COP26)에서는 2030년까지 메탄 배출량을 30% 이상 감축하겠다는 목표를 담은 글로벌 메탄 서약을 하였다. 메탄은 산업에서는 전력, 운송, 수소, 철강, 농업 분야에서 많이 발생하는 것으로 이산화탄소보다 기후변화에 미치는 온난화 효과가 84배 이상 높은 것[17]으로 알려져 있다.

그런데 진짜 심각한 것은 북극 동토대, 툰드라가 온난화에 의하여 녹으면서 땅속에 있는 메탄가스가 방출된다는 것이다. 최근에는 그린란드의 빙하가 빨리 녹고 있다고 하니 멀지 않아 메탄가스의 문제가 수면 위로 올라올 것이다. 메탄가스는 기후 온난화를 가속화 시킨다. 그린란드의 빙하가 다 녹으면 해수면이 수 미터 이상 올라간다는 보고도 있으니 지구 재앙의 시작이다. 심각한 우려가 현실로 될 수 있는 시간은 얼마 남지 않았다. 이에 대한 대비로 이산화탄소 발생을 줄이는 것으로는 부족하다. 무엇인가 다른 대책이 필요하다.

17   미국 환경보호청 (EPA)에서 발표한 것. 교토의정서에서 언급한 것은 21배 높음

메탄을 활용하는 기술이 필요하다. 우선 메탄을 포집하여야 한다. 공장의 굴뚝에서 나오는 것이 아니라 광범위한 지역에서 나오는 경우 포집하는 방식이 만만치 않다. 그래도 포집해야 한다. 누군가 이러한 새로운 기술을 연구하고 있을까?

다음에는 메탄을 메탄올로 변환[18]시키면 액체 에너지가 된다. 이 기술은 꿈의 기술이라 여기저기에서 연구가 한창이다. 또 메탄을 다른 소재 생산에 이용하는 것이다.

예를 들어 본다. 경희대 이은렬교수팀은 메탄을 이용하는 메탄자화균[19] 미생물을 개발하여 메탄에서 바이오플라스틱 원료 및 식품 소재 등을 생산할 수 있는 기술을 개발하고 있다. 과거에 메탄자화균을 배양하여 단세포단백질(SCP, Single Cell Protein)을 만들었다. 식용 또는 사료로 사용하려고 했으나 그 당시에는 원료인 메탄가스가 석유 유래였으므로 불순물이 포함되어 있고 이것이 유해할 수도 있어 실용화되지 않았으나 기술은 남아 있다. 바이오플라스틱은 메탄자화균을 증식시킨 다음 얻어지는

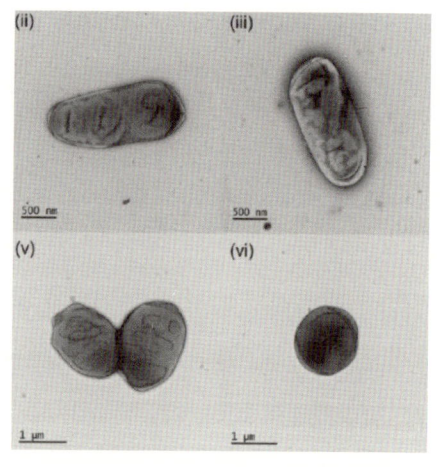

메탄산화균 메틸아시디필룸(Methylacidiphilum) IT6. 사진 =국립생물자원관

---

18 메탄, 메탄올 모두 에너지이지만 메탄을 메탄올로 변환시키면 액체가 되어 운반 등이 용이하여 사용이 더 편리해진다.

19 메탄을 주영양분으로 이용하여 자라는 미생물

미생물 내의 바이오플라스틱만을 분리정제하여 산업용 소재로 이용하는 것이라 안전상의 문제는 없다. 그러나 메탄은 물에 대한 용해도가 낮아 미생물이 먹이로 이용하는 데는 한계가 있다. 이를 해결하여 생산성을 올리는 것이 핵심 기술 과제의 하나이다. 공장에서 배출되는 메탄가스를 원료로 미생물을 배양하여 유용한 소재로 만드는 것은 의미가 있다.

3 생태계 중요성을 실감한다

'로렉스(The Lorax)는 세상을 바꾸기 위한 소년 테드의 모험을 그린 애니메이션 영화(2012)이다. 사람을 빼고는 풀, 꽃, 나무도 모두 플라스틱으로 만들어진 미래의 최첨단 도시에서 생활하는 주인공은 옆집에 사는 누나의 마음을 얻기 위해 살아있는 나무를 찾아 나선다. 악당이 등장하는데 악당은 플라스틱 병에 산소를 넣어 팔아 부를 축  적한다. 악당과 싸우며 나무를 심는다는 생태계의 중요성, 선과 악, 사랑을 그린 어린이 영화이지만 누가 보아도 좋은 영화이다.

3.1 물 부족이 심화된다

기후변화 등으로 인한 수자원 고갈 문제는 우리나라를 비롯하여 세계적으로 중요한 이슈가 되고 있다. 예를 들면, 중동에서는 이미 수자원이 고갈되어 문제가 심각해지기 시작하였다. 이란의 경우 풍요로움의 상징인 루드강의 강바닥이 마르기 시작하였다. 이것은 기후변화가 원인인 것으로 이야기되고 있다. 이란과 이라크에서는 정치적인 이슈가 아니라, 물과 전기 부족에 항의하는 시위가 늘고 있다.

우리나라의 경우 공장폐수로 인한 하천 오염, 녹조 문제, 공장 폐수를 몰래 방류하는 문제, 가끔 수돗물에서 녹물이 나오는 등의 문제가 있지만 과거에 비해 많이 개선되었다. 농업용수가 부족하다는 기사가 소개되고 있지만 우리나라 국민들은 대체로 물 부족을 많이 느끼지 않는다. 그러나 장기적으로 미래의 먹거리라고 생각하여 물산업에 투자하는 기업들이 많이 생겨나고 있다.

지구온난화는 물 부족을 심화시킨다

지구온난화가 되면 동남아시아, 아프리카의 상당히 넓은 지역에 물 부족이 심해지고 이것은 식수는 물론 농업용수를 부족하게 만들어 식량 생산에 큰 영향을 미칠 것으로 예상하고 있다.

게다가 몇몇 나라들은 대규모 댐을 건설하여 이웃나라가 사용하는 수자원을 감소시키고 있다. 예를 들면 중국은 티베트강 상류 등에 대규모 댐들을 건설하여 베트남, 캄보디아, 라오스, 태국을 흐르는 메콩강의 수량을, 인도를 흐르는 갠지스강의 수량을 감소시켜 향후 물로 인한 분쟁은 심각해 질것으로 예상된다.

최근 NASA에서 2030년 세계의 농업, 작물 생산량을 예측한 것은 옥수수 작물 수확량은 24% 감소하고 밀 수확량은 17% 증가한다는 것이다. 밀은 캐나다 등이 기후 변화로 기온이 올라가 수확량이 증가하지만, 옥수수 밭은 기온 상승과 강수량 변화로 수확량이 감소한다는 것이다. 20% 이상의 수확량 감소는 심각한 것이다.

건기에 물이 부족하다

오래전 에티오피아를 방문하였다. 1월인데 밭은 누렇게 되어있었다. 안내해주는 이는 대략 6-8월까지는 우기이고 9월부터 5월까지는 건기인데 지금이 건기라서 풀들이 말라 죽어서 밭이 누렇다는 것이다. 오래 전부터 농사는 우기에 지어서 그것으로 1년을 먹고 산다고 한다. 그런데 건기가 되면 풀들이 누렇게 변하고 말라 죽어서 소 등의 가축이 먹을 것이 없어 가축이 굶어 죽는다고 한다. 농사지어 수확한 양이 많지 않으니 건기가 되면 기아로 죽는 이들도 많다는 것이다. 그런데 우기에 내리는 빗물의 양은 상당히 많다는 것이다. 그 빗물이 대부분 땅속으로 스며들어가기 때문에 건기에는 물이 부족하다.

텔레비전에서는 북부에 커다란 댐을 건설하고 있다는 소식이 전해

지고 있었다. 댐이 완공되면 물을 저장할 수 있어 그 지역의 물 부족 문제는 해결된다는 것이다. 그런데 그 댐의 혜택을 받는 지역은 한계가 있는데 소외된 지역에 대한 해결 방법은 따로 없는 듯하였다. 정부 입장에서는 경제가 발전하면 점차적으로 댐을 여기 저기 건설한다는 정도의 방향만 갖고 있는 듯하였다.

이렇게 우기와 건기가 나누어지는 나라가 에티오피아만 있는 것이 아니라 세계에 많이 있다. 다 비슷한 상황이다. 우기에 내리는 빗물을 몇 달이라도 저장하여 사용할 수 있으면 몇 천 년 내려오는 물 문제에서 어느 정도 자유로워 질 텐데 그런 방법은 없을까하는 생각이 들었다. 건기를 대비하여 물을 저장하는 방법에는 무엇이 있는지 생각하자.

물이 부족하면 농작물의 성장에 영향을 미친다. 한 예로 농작물의 수확이 감소한다. 가뭄이 들면, 비가 적게 와도 잘 자랄 수 있는 작물의 개발이 필요하다. 그 중의 하나가 가뭄에 견디는 옥수수의 개발이다. 어떤 방법이 있을까? 자연적으로 교배하고 그 중에서 가뭄에 잘 견디는 품종을 고르는 방법이 있다. 다른 방법은 유전자 조작을 하여 가뭄에 잘 견디는 품종을 만드는 것이다. 유전자 조작 농산물에 대한 우려 (식품으로서 그리고 자연 환경에 대한)가 있는 것이 현실이다. 최근에는 유전자 가위를 이용하여 유전자를 바꾸어주는 새로운 방법이 개발되었다. 유전자 가위를 이용하는 방법은 외부에서 유전자를 넣어 주는 방식이 아니라서 안전하다는 주장이 힘을 얻고 있으나 모두가 동의한 것은 아니다. 어떤 방식으로 옥수수를 개량하여야 할 것인가 중요한 이슈이다.

우리가 좋아하는 식품에 아보카도 (avocado)가 있다. 아보카도는 비타민과 미네랄이 풍부한 건강 과일로 재배할 수 있는 다양한 방법이 소개되고 있다. 어떤 경우이든 농사에 어마어마한 물이 필요하다고 한다. 전세계 아보카도의 43%는 멕시코에서 재배되는데 아보카도를 재배하기 위해 삼림을 파괴하고 수자원의 상당량을 아보카도 재  배에 사용하여 다른 용도로 사용할 물이 부족하다. 그러다보니 '슈퍼푸드와 환경파괴범, 아보카도의 두 얼굴'이란 기사도 등장하고 있다. 어떻게 하는 것이 좋을까?

물 부족을 막는 방법에는 어떤 것들이 있을까

생활에서 물을 아껴야 한다. 그리고 물을 재사용해야 한다. 재사용은 중수라는 개념으로 대부분 대형 건물 등에서 이루어지고 있다.

이경선교수 (미국 콜로라도대학교)가 말하는 세계 물 문제의 원인과 대책이다. "오늘날 우리는 수도꼭지만 열면 물을 쉽게 구할 수 있는 도시에 살고 있지만, 전 세계적으로 수자원 문제는 심각합니다. 한 연구에 따르면 전 세계적으로 인구 절반이 잠재적으로 물이 부족한 지역에 살고 있으며, 2050년에는 48 ~ 57억의 인구가 물이 부족한 지역에서 살게 될 것이라고 예측하였습니다. 수자원 문제가 심각해진 원인은 인구 증가, 도시화 등이 있지만 최근 가장 문제가 되는 것은 기후 위기입니다. 기후 위기로 인해 전 세계적으로 가무는 지역은 더욱 더 가물고, 홍수가 나는 지역은 홍수가 더 크고 자주 발생하는 등 기존의 수자원 관리 시스템에 어려움을 겪고 있습니다.

수자원 문제를 해결하고자 하는 노력에는 여러가지가 있지만, 그 중의 하나는 새로운 기술을 활용하여 기존에는 사용하지 않는 수자원을 개발하는 것 입니다. 예를 들어 해수를 담수화하여 사용하거나, 폐수를 재활용하여 사용하거나, 그린 인프라스트럭처(Green infrastructure)를 통해 빗물을 활용하는 방법 등입니다.

빗물 이용

서울대의 한무영교수가 대표적인 전문가이다. 왜 빗물을 모으는 연구를 시작했냐고 물었다. 오래 전에 베트남을 방문했는데, 시골의 경우 수도 시설을 하기에는 경제 여건이 열악하고 시냇물을 먹기에는 농약이나 공장의 폐수 등으로 오염되었다. 지하수는 비소 등 중금속에 오염되었으니 마실 물이 마땅치 않다. 그래서 대안으로 비는 많이 내리니 빗물을 모아 식수로 사용하면 좋겠다고 생각하여 관심을 갖고 연구하고 있다는 것이었다. 그렇게 연구를 시작한지 10년이 넘어 이제는 빗물을 모으고 처리하는 기술이 정착되어 세계적으로 필요한 곳 여기저기에 보급되기 시작하였다.

바닷물을 담수로 바꾸는 것이 꿈의 기술이고 해수담수화라고 한다. 오래 전부터 이스라엘과 아랍 국가들은 이런 방법으로 물을 얻었다. 투자가 많이 필요하지만 그 정도의 여유가 있는 나라에서 채택한 방법이다. 섬으로 구성된 나라에서도 해수를 담수로 사용해야 하는데, 그렇게 하기 위해서는 에너지가 필요하다. 전기를 공급하기 위한 송전 시설을 많이 할 수가 없어 태양광 또는 풍력으로 에너지를 얻어야 한다. 물이 부족한 개도국은 전기 에너지에 여유가 없고 투자 여력도 없어 해수담수화는 생각도 못하고 있다. 해수를 끓이면 물이 증발하고 이를 응축하면 물이 얻어진다. 이 방법은 에너지가 많이 필요하다. 또는 해수 속의 염분(소금 NaCl)을 역삼투막 방식으로 걸러 내면 물이 얻어진다. 걸러내는 방법은 분리막을 사용하므로 역시 에너지가 필요하고 투자가 필요하다. 그래서 많은 이들이 저비용, 저투자로 해수를 담수로 만들 수 있는 기술을 연구하고 있다.

우리나라 대학에서의 해수담수화 연구

우리나라 대학과 연구소에서는 해수담수화 연구를 많이 하고 있다. 도서 지역에 마실 물을 제공하기 위한 것도 있지만 이제는 전 세계의 물 문제를 해결하고 싶다는 마음도 있다.

울산과학기술원(UNIST) 장지현교수팀은 광증발장치를 개발하였다.

MIT 한종윤교수팀과 포항공대 김관형교수팀은 이온교환막 방법을 이용한 휴대 가능한 담수화 장치를 개발하였다.

포항공대 이상준교수팀은 3000원으로 설탕과 실리콘으로 분리막을 제작하였는데 이것으로 해수를 담수로 바꿀 수 있다.

우리나라 속초에 있는 해수담수화 시범공장 (pilot plant)

깨끗한 물을 얻는 것이 새로운 비즈니스이다

상수도 설비 등을 이용하여 깨끗한 물을 얻는 것이 중요하다. 깨끗한 물은 식수, 농업용수, 공업용수 등으로 사용된다.

글로리엔텍 (Glory & Tech)

박순호 대표는 수처리 회사에 근무한 경험과 개도국 지원사업에 참여한 경험으로 글로리엔텍 회사를 2016년에 설립하였다. 개도국에 정수 장치를 설치해주고 관리를 도와주는 사업을 하고 있다. 한 회사가 원조단체와 정보를 교환하며 같은 방식의 정수 장치를 공급하니 비용이 절약되고 관리도 여러 지역을 묶어서 하니 효율적이다. 그래서 동남아시아 등 여러 국가에서 정수 설비 사업을 하고 있다. 일종의 사회적 기업이다.

2020년에는 방글라데시에 정수처리 설비를 해 주었는데 그것이 청정개발체제 (CDM) 사업으로 인정받아 에스오일이 글로리엔텍에 투자했다. 이것은 글로리엔텍의 사업에 투자하므로서 방글라데시 주민들의 삶의 질을 향상시키고 연간 1만3000톤의 탄소배출권을 확보하기 위한 것이다. 청정개발체재란 유엔기후변화협약(UNFCCC) 총회에서 채택된 교토의정서에 따라 지구온난화 현상 완화를 위해 선진국과 개발도상국이 공동으로 추진하는 온실가스 감축 사업 제도이다. 물 정수 장치도 그렇게 인정받고 있다. 그렇게 하지 않으면 깨끗한 물을 얻기 위하여 나무를 때서 물을 끓여야 하는데 정수 장치를 사용하므로 나무를 아끼고 따라서 이산화탄소 배출도 줄였다고 개도국의 경우에 인정해 주고 있다.

사회적기업이 생긴다

TV를 틀면 아프리카 아이들이 나온다. 웅덩이에서 깨끗하지 않은 물을 플라스틱 통에 담는다. 그것이라도 마셔야 하겠기에 라는 멘트가 나온다, 그것을 보고 있으면 무엇인가 도움을 주고 싶어진다.

지구상에는 마실 물을 얻기가 어려운 지역이 많다. 어린아이들이 물을 얻기 위하여 두어 시간 걸어서 간다. 그리고 물을 통에 담아 집으로 돌아온다, 그러다보니 학교 갈 시간이 없다. 어떤 지역에서는 물이 깨끗하지가 않다. 흙탕물인 경우도 있고, 농약 등에 오염되어 있는 경우도 있고, 비소와 같은 중금속이 있는 경우도 있다. 그냥 마시면 병에 걸린다. 물을 깨끗하게 할 수 있는 방법이 없다. 나라에서는 예산이 부족하니 인구가 많은 대도시에 수도를 놓아주는 것이 전부이다. 시골 농촌까지 수도를 공급하는 것은 미래의 일이라고 생각한다.

캄보디아, 라오스 등 개도국을 방문하면 대도시에는 그래도 상하수도 시설이 되어 있다. 그러나 도시를 조금만 벗어나도 먹을 물이 마땅치 않은 것이 현실이다. 우리나라 UNESCO 산하에 물연구교육센터가 있다. 수자원을 확보하고 관리하는 물 관리 기술을 동남아시아 등 개도국에 전할 수 있는 센터가 2013년 유네스코 (UNESCO)의 사업으로 우리나라에서 시작되었다. 2017년에 센터를 개관하여 개도국의 물 전문가의 역량을 강화하기 위한 국제적인 교육프로그램을 실시한 이후 지속적으로 물 관리에 대한 교육을 시행하고 있다. 여기에서는 개도국의 물과 관련한 공무원, 관계자를 초청하여 물과 관련한 교육을 시키고 있다. 아는 분이 있어 무엇을 가르치냐고 물었다. 상하수도 시설, 물 저장 댐 설비 등을 주로 교육한다고 한다. 시골의 물 문제는 관심 밖이다. 인구가 많은 도시부터 챙기고 후에 경제적으로 여유가 생기면 시골의 물 문제를 해결하겠다는 것이 대부분의 생각이다. 시골의 물 문제 해결은 추후에 도시처럼 상하수도 설비를 시골에도 갖추는 것이다. 그래서 공무원들에게 단기적으로 시골에서도 필요한 방법을 교육시켜달라고 요청했지만 그렇게 시행되고 있는지는 모르겠다.

개도국을 방문하면 세계의 많은 민간원조단체가 낙후된 시골 지역에서 활동하고 있음을 알게 된다. 정부의 손이 닿지 않으니 그리고 깨끗한 물의 공급은 시급하니 민간원조단체가 관심을 갖고 나서고 있다. 나라마다 상황이 다르겠지만 한 나라에 많은 원조 단체가 있다. 몇 몇 단체를 제외하고는 규모가 영세하다. 좋은 일 한다는 사명감으로 여건이 열악한 곳에서 고군분투하고 있는 것을 본다. 자기 나름의

방법으로 물을 처리하여 깨끗한 물을 공급해주고 있다. 예산은 충분치 않고 전문성도 별로 없으니 간단한 방법으로 정수 장치를 설치해준다. 다른 지역에는 다른 단체가 자기 나름의 방식으로 한다. 그러다보니 서로 다른 방법으로 정수 장치를 설치한다. 그런 후에는 관리가 문제라고 한다. 장치가 고장나면 고쳐야 하고 필요하면 부품도 교체해야 하는데 누가 할 것이며 비용은 어떻게 해야 하는지가 문제라고 입을 모은다. 원조단체가 영세하지만 서로 정보를 교환하면 해결책이 나올 수 있겠지만 그나마 혼자서 하고 있다.

이를 해결할 수 있는 것은 기업이다. 여러 지역을 대상으로 하면 싸게 할 수 있다. 관리할 수 있는 인력을 채용할 수 있다. 정수 설비를 보급하는 것이 주목적이고 이익은 지속가능을 위해 필요한 것이라고 하면 사회적 기업이다. 사회적 기업이 필요하고 앞으로 발전시켜야 한다.

새로운 기술이 개발되다

비가 많이 오고나면 강과 하천에 죽은 물고기가 많이 떠오른다는 기사를 접한다. 평소에 물에서 잘 살던 물고기가 왜 비가 오면 죽을까? 빗물이 문제라고 생각하는 이들은 없을 것이다. 평소에 공장에서 폐수를 처리하여 방류하는데 이것이 비용이 많이 든다. 그러다가 비가 오면 처리를 제대로 하지 않고 적당히 방류하는 이들이 있으니 하천에 유해물질이 들어가 물고기들이 죽게 되는 것이다.

왜 물이 깨끗하지 않은가. 한마디로 우리가 생활하는데 그리고 산업화로 물을 너무 많이 쓰고 처리를 제대로 하지 않고 방류하기 때문이다. 농촌 지역에서는 농약과 비료를 사용하는데 역시 이것도 강물 또는 지하수가 깨끗하지 않은 이유의 하나이다.

물을 깨끗이 하려면 지하수나 강물을 사용 후 깨끗이 처리하여야 한다. 우리는 오랫동안 물 처리 기술을 개발하여 사용하고 있다. 그래서 웬만한 하수나 폐수는 깨끗하게 처리할 수 있다.

그러나 아직도 강이나 호수에서는 녹조, 바다에서는 적조가 발생한다. 아직도 처리를 제대로 하고 있지 않다는 뜻이다. 녹조나 적조의 원인은 수온이 올라가 녹조나 적조가 잘 자라는 환경을 만들어주는 것도 한 가지 이유이지만, 물속에 질소와 인이 있기에(질소와 인은 비료의 중요한 성분이다.) 잘 자라는 것이다.

녹조와 적조가 많이 있으면 물속의 산소를 많이 소비하고 그러면 물고기가 사용할 수 있는 산소가 부족하게 되어 물고기가 죽게 된다. 이런 현상을 막는 방법은 물속의 질소 또는 인의 양을 줄이는 것이다. 질소 또는 인 성분은 생활하수, 분뇨처리수 또는 공장폐수에서 나온다. 그러니 강으로 또는 바다로 흘러들어 가는 하수 또는 폐수에서 질소와 인을 충분히 제거해야 한다. 이것은 비용이 많이 드는 처리 방법이다. 이러니 녹조 또는 적조로 인한 피해 보상으로 귀결되는지 모르겠다. 인은 질소 성분에 비하여 처리가 용이할 수 있다. 인 제거 장치를 설치하고 녹조 또는 적조가 예상되는 시점에 처리하면 최소한의 비용으로 녹조와 적조를 막을 수 있을 듯하다. 둘 다 완벽하게 제거해야만 하는 것이 아니다. 하나를 필요할 때 처리하는 방법에 대하여도 검토가 필요하다.

우리나라의 경우는 녹조와 적조가 문제이지만, 개도국 경우에는 물이 농약, 가축의 분뇨, 공장에서 나오는 유해물질 등에 오염되어 있다는 것이다. 강물은 식수원이고 물고기 등 생태계에 중요하다. 강물은 최종적으로 바다로 들어간다. 강물이 깨끗지 않으면 다른 표현으로는 강물에 유기물질이 많으면(독성물질도 농도가 그리 높지 않으면 미생물이 분해할 수 있다.) 유기물질을 분해하는 미생물이 많이 자라게 되고 이 미생물은 물속의 산소를 소비하므로 물에 산소가 부족해져서 물고기가 죽게 된다.

물을 깨끗하게 하는 기술

강에서 유기물질이 분해되는 것과 같은 원리로 물이 깨끗지 않으면 물을 방류하기 전에 미생물이 물속의 유기물을 먹도록 하면 된다. 그런 후에 미생물을 분리하면 깨끗한 물이 되어 방류한다. 이런 방법을 활성오니 방법이라고 한다. 구체적으로는 유기물이 많은 하수나 폐수를 미생물이 있는 탱크(일반적으로는 콘크리트조)로 보낸다. 그리고 여기에 공기를 공급한다. 그러면 미생물이 유기물을 먹고 자란다. 그런 후에 미생물(이 경우에는 활성오니, activated sludge라고 한다)을 분리하면 물이 깨끗하게 되는 방식이다. 이 방식은 자연에서 유기물이 분해되는 원리를 이용하는 것으로 자연친화적이지만 처리장 면적을 많이 차지하고 별도로 공기를 공급해주어야 하는 등의 단점이 있다. 새로운 기술, 개량된 방법들은 많이 있다. 기본은 미생물이 유기물을 먹도록 하는 것이다.

그림 2.10 활성오니 방법

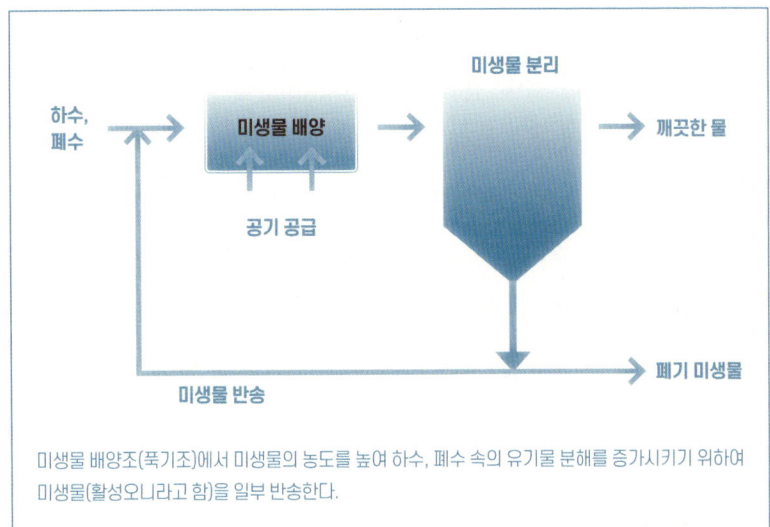

미생물 배양조(폭기조)에서 미생물의 농도를 높여 하수, 폐수 속의 유기물 분해를 증가시키기 위하여 미생물(활성오니라고 함)을 일부 반송한다.

중금속을 제거하는 기술이 중요하다

오래 전 일본에서의 중금속으로 인한 피해는 이따이이따이병[20], 미나마따병[21]으로 잘 알려져 있다. 그런데 우리나라에서도 그러한 사례가 보고되었다. 약 30년 전 보고된 내용이다. 그 당시 언론을 통하여 그러한 내용을 접한 나는 차를 몰아 충청도의 한 마을에 도착하였다. 그곳에는 석탄 노천 탄광이 있어 오랫동안 사용하였다. 그 마을 주민들이 얼마 전부터 시름시름 병에 걸렸는데 한 두 사람이 아니고 마을 주민 상당수가 비슷한 병에 걸렸다. 그래서 조사를 해보니 (역학 조사라

20　이따이이따이병 : 카드뮴에 의하여 뼈가 물러지면서 생기는 병. 아프다 아프다의 일본말이 이따이이따이라서 그렇게 불리고 있다.

21　미나마따병 : 수은 중독으로 발생하는 신경계 질병. 1956년 일본에서 메틸수은에 의하여 오염된 조개 및 어류를 먹은 어민들에게서 집단적으로 발생하였다.

고 한다) 중금속에 의한 질병으로 밝혀졌다. 비가 내리면 산성비가 내린다. 그러면 빗물이 탄광으로 흘러 들어가면 석탄속의 중금속이 빗물(산성)에 녹아 지하수로 흘러 들어간다. 마을 주민들이 그 지하수를 오랫동안 마셨으니 중금속에 중독되는 병에 걸린 것이다. 하루 이틀에 일어난 일이 아니라 오랫동안 그 물을 마셔서 일어난 병인 것이다. 정부는 급한대로 지하수는 마시지 못하게 하고 식수를 차로 공급하는 조처를 취했지만 그 지하수는 호수로 흘러들어가고 있다. 호수의 물고기는 어떻게 될까, 그 물고기를 우리가 먹으면 어떻게 될까 걱정이 되는 부분이다.

일본의 경우가 생각이 났다. 일본의 중금속 오염은 세계적으로 잘 알려진 아픈 경험이다. 중금속 오염이 시작된 후 오랜 기간이 지나서 문제가 되었으며 그 원인이 중금속에 의한 것이라는 역학 조사 결과가 밝혀진 것은 그로부터 역시 오랜 기간이 지난 뒤였다.

우리가 할 수 있는 조처는 무엇인가. 지하수 대신 수돗물을 공급하는 것, 지하수에서 중금속을 제거해야 하는 것 등이다. 지하수에 녹아 있는 중금속을 제거해야 하는데 그렇지 않으면 호수와 강에 서식하는 물고기에 중금속이 축적될 것이다.

인도차이나반도의 지하수

얼마 전에 들은 이야기이다. 캄보디아에는 우리나라의 많은 원조 단체들이 있다. 캄보디아의 농촌에서 좋은 일을 하려고 한다. 그래서 조사를 해보면 우물을 파달라고 하는 요청이 많이 있다. 우물 하나 파는데 비용이 그리 많지 않다. 100만 원정도면 우물 하나를 팔 수 있고 그 정도의 비용은 지불할 수 있으니 우물을 파준다. 우물을 파서 물이 나오면 기념 촬영을 한다. 그런데 우물을 파서 물이 나온다고 금방 물을 마실 수 있는 것이 아니고 당국의 음료수 적합도 검사를 받아야 한다. 그래서 검사를 하면 중금속 '비소'가 검출되고 그러면 우물은 폐쇄되는 경우가 있다. 안타까운 일이다. 다행스러운 것은 최근에는 비소 흡착제를 충전한 장치를 이용하여 비소를 제거하기 시작하였다는 것이다. 여기에는 국경없는 과학기술자회의 독고석교수와 필로스라는 기업체와 같이 비소 제거 장치를 설치하였다.

중금속 제거 기술

수은, 비소, 카드미움, 구리, 납 등은 인체에 유해한 중금속이다. 이를 제거하기 위한 방법들이 몇 가지 알려져 있다.

중금속은 Pb^{++}, Cu^{++}, Cr^{+++} 과 같이 이온 상태로 존재한다. 그래서 이온교환수지 또는 중금속 흡착제를 이용하면 중금속을 제거할 수

그림 2.11 중금속 제거 장치

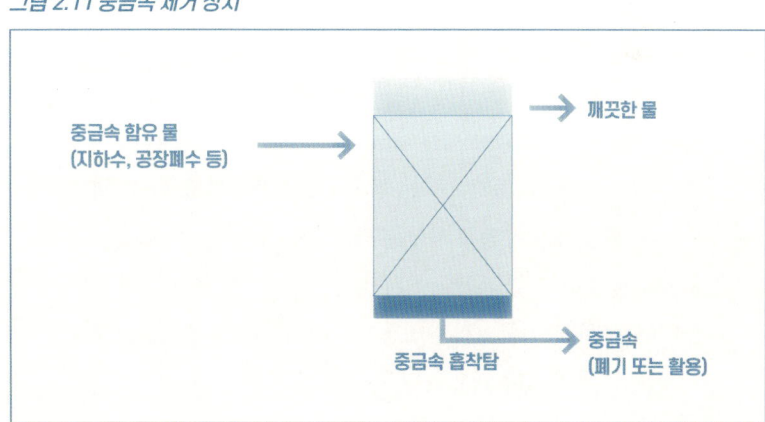

있다. 중금속은 미역, 다시마 등의 해초에도 흡착된다. 해초의 세포벽 성분에 흡착되는 것으로 알려졌다. 그래서 미역 등 해초류를 먹으면 중금속이 해초에 흡착된다. 해초류는 소화가 되지 않아 몸 밖으로 배출되는데 이때 중금속도 같이 배출된다.

#인터뷰 : 이경선교수 (미국 콜로라도대)

개도국의 물 이슈는 무엇인가요?

개발도상국의 경우 새로운 수자원 개발이 쉽지 않은 문제가 있습니다. 먼저 정책적인 지원이 부족합니다. 새로운 수자원을 사용하고자 할 때, 초기에는 정책적 지원이 많이 필요합니다. 하지만 정치적 이유에서 수자원 개발 정책이 제대로 추진되지 못하거나, 국가 차원의 정책과 주나 지방정부 차원의 정책에 차이가 있거나, 새로운 수자원 개발 정책이 기존의 다른 정책과 충돌하는 경우에는 제대로 된 정책적 지원이 이루어지지 못합니다. 개발도상국에서 새로운 수자원을 도입하고자 할 때 정책적인 지원을 고려해야 합니다.

두 번째로 기술적인 요인이 부족합니다. 많은 개발도상국에서 수자원 재활용 시설에 대한 인프라가 부족합니다. 일반적으로 수자원 재활용 시설은 기존의 수자원 시설과 파이프를 통해 연결되어야 하는데, 이러한 기반 시설이 부족한 경우 수자원 재활용 기술을 제대로 사용할 수 없습니다. 수자원 재활용 시설이 있다 하더라도 제대로 관리되지 못하고, 수질을 모니터링하지 못하는 경우에도 수자원 재활용을 어렵게 합니다. 어떤 수자원 재활용 시설은 먹는 물을 생산할만큼 충분한 기술을 갖추지 못하기도 합니다. 이처럼, 선진국에서는 많이 사용하는 기술이지만, 개발도상국에서는 비용적인 이유나 인재 부족 등으로 기술이 적용되지 못한 경우가 많습니다.

마지막으로 법과 제도적인 부분이 부족합니다. 법과 제도적인 부분은 새로운 수자원에 대한 수질 기준 등을 의미합니다. 재활용된 물의 경우 많은 나라에서 이에 대한 수질 기준이 명확하지 않고, 있다 하더라도 제대로 적용되지 않은 문제가 있습니다. 이러한 문제는 근본적인 수자원 부족 문제를 해결하지 못하고, 주민들의 신뢰를 얻을 수 없습니다. 향후 새로운 수자원을 개발도상국에 적용하기 위해서는 이를 뒷받침할 법과 제도가 필요합니다.

이처럼 수자원 문제를 해결할 수 있는 새로운 기술이 있다 하더라도 이를 실제 적용하는 데 있어 많은 지원이 필요합니다.

어떤 연구를 하시는지요?

최근에 해수담수화와 수자원 재활용 기술의 발전과 적용에 대해 연구하였습니다. 이 연구에서는 크게 1) 특허 분석을 통해 해수 담수화 기술의 발전 경로를 알아보고 주요 이해관계자들과 그들의 관계를 분석하고, 2) 체계적 문헌 분석을 통해 해수담수화 기술과 수자원 재활용기술이 환경적으로 지속가능한지 평가하고, 지속가능한 미래를 위한 기술 발전 방향을 제시하며, 3) 주요 이해관계자, 특히 기업의 '지속가능성(sustainability)'에 대한 인식을 알아보는 연구로 구성되어 있습니다. 몇 가지 흥미로운 결과는 물 문제를 해결하기 위한 새로운 기술 개발이 힌트가 될 수 있습니다.

먼저, 해수담수화와 관련해서 현재 과학기술개발 현황에서는 사회에서 우려하고 있는 부분들이 충분히 평가되고, 적용되지 않았습니다. 전 세계적으로 많은 지역에서 대규모 해수담수화 시설을 짓는 것에 대한 지역 주민들의 우려와 반대가 심각합니다. 주로 우려하는 내용은 환경에 미치는 영향인데 특히 담수화 후 남은 염(brine)을 어떻게 처리할지, 해수담수화 플랜트에서 나오는 온수가 생태계에 어떤 영향을 미칠지 등입니다. 연구 결과 현재의 해수담수화의 전과정평가(life cycle analysis)에서는 이러한 면을 충분히 평가하고 있지 못한 것으로 나타났습니다. 특히 해수담수화가 환경에 미치는 영향에 관련하여 탄소 배출과 기후변화에 미치는 영향에 중점을 둔 나머지 다른 영향들에 대한 평가는 아직까지 부족한 것으로 나타났습니다. 향후 기술 발전과 기술의 환경영향평가에 있어 사회가 우려하는 면을 고려하여야 할 것입니다.

두 번째로, 물 문제는 단순한 물 문제만이 아닌, 에너지와 함께 고려하여야 합니다. 물과 에너지 문제를 함께 고려하는 관점을 '물-에너지 넥서스(Water-Energy Nexus)'라고 합니다. 해수담수화의 경우 가장 널리 사용되는 기술인 역삼투기술(RO)나 열원을 사용하는 증발법 모두 상당한 에너지를 요구합니다. 이에 해수담수화에 사용되는 에너지원이 화석연료에 의존하는 이상, 해수담수화 기술의 환경 부담은 클 수밖에 없습니다. 해수담수화에 사용되는 에너지원을 재생가능에너지원으로 바꾸기 위한 기술개발과 사업화가 이루어지고 있지만, 아직까지 기술적인 문제 및 비용적인 문제의 한계가 있습니다. 향후 기술개발 과정에서는 '물-에너지 넥서스'의 관점에서 해수담수화를 단순히 수자원이 아닌 에너지문제와 함께 생각하는 관점의 전환이 필요합니다.

마지막으로, 각 이해관계자가 지속가능성에 대해 이해하고 이를 각자의 역할에 적용할 필요가 있습니다. 특히 분석을 통한 해수담수화 기술의 발전 궤적을 살펴본 결과 많은 기술 개발이 그러하듯 정부의 역할이 큰 것으로 나타났습니다. 정부의 자금 지원을 바탕으로 한 산학연의 연구 협력이 오늘날 세계 해수 담수화 기술을 선도하는 국가(미국, 일본, 중국, 한국)의 기술력을 만들어냈습니다. 이는 다시 말하면, 지속가능한 기술의 발전을 위해서는 정부의 과학기술정책의 역할이 중요함을 보여줍니다. 기업의 역할도 중요합니다. 해수담수화와 관련된 비판 중 하나는 수자원의 사유화(privatization)와 영리화(commercialization)이지만 기업은 그 이상의 역할이 있습니다. 대표적으로 민관협력(public-private partnership)을 통해 대규모 건설 프로젝트에 수반되는 여러 위험을 분담할 수 있습니다. 정부와 함께 연구개발의 주축이 되었습니다. 그러기에 지속가능한 과학기술의 발전을 위해서는 기업의 역할이 중요합니다.

언제 보람을 느끼십니까?

연구를 하면서 가장 보람을 느끼는 순간은 학제간(Interdisciplinary) 연구를 하면서 과학기술자의 연구와 사회과학자의 연구를 연결할 때입니다. 예를 들어 수행하였던 연구 프로젝트는 소속했던 지리학과뿐만 아니라 화학공학과, 법학과, 행정학과, 도시계획과 등 다양한 분야의 교수들이 학제간 연구를 수행하고 있습니다. 저는 사회과학분야로 연구를 계속하고 있지만, 연구를 하는데 있어 해수 담수화에 대한 기본적인 화학 지식과 플랜트 엔지니어링에 대한 지식이 필요하였기 때문에 학부에서 화학공학을 전공하고, 플랜트 엔지니어링 회사에서 일했던 경험이 연구 분야를 이해하고, 연구 과제를 도출하고, 다른 공동 연구자들과 커뮤니케이션 하는 데 많은 도움이 되었습니다. 환경 문제는 복잡하고 다양한 이해관계자가 포함되어 있어 하나의 학문에서 해결하기보다는 다양한 학제간의 연구가 요구됩니다. 이에 저의 장점을 살려 향후에도 과학기술자와 사회과학자를 연결하는 학제간 연구를 계속 수행하고 싶습니다.

3.2 생태계를 보전해야 감염병을 막는다

왜 생태계를 보전해야 하는가? 종 다양성, 갯벌을 지켜야 하는 당위성 등 생태계 보전에 대한 이야기는 많다.

최근 바이러스의 전파에 대하여 생태계 파괴가 그 원인이라는 이야기가 있다. 예를 들면 에너지 작물로 사탕수수, 야자나무를 사용한다. 사탕수수에서는 바이오에탄올을 생산할 수 있고 야자나무의 야자열매에서는 야자유(palm oil)를 얻고 이로부터 바이오디젤을 생산할 수 있다. 브라질이 사탕수수를 많이 재배하고 있고 인도네시아, 말레이시아 등에서 야자나무를 많이 재배한다. 그러다 보니 열대우림의 나무를 베어내고 사탕수수나 야자나무를 심는다. 그러면 삼림이 파괴된다. 삼림이 파괴되니 삼림에서 살아가던 야생동물의 서식지가 좁아지고 이러한 현상으로 야생동물이 인간이 사는 마을로 들어오면서 인간과의 접촉 기회가 증가하게 된다. 그 결과로 야생동물의 바이러스가 가축을 거쳐 또는 직접 인간에게 전파되고 이것은 질병으로 나타나게 된다는 이야기이다. 생물다양성이 높을수록 인간이 위험한 감염병에 걸리지 않도록 보호받을 수 있다. 왜냐하면 감염병을 옮길 수 있는 생명체가 인간 사회로 오지 않기 때문이다. 이러한 이야기를 받아들이면 자연생태계는 꼭 보전해야 하는 것이다[22]. 숲을 베어내고 다른 작물을 재배하면 약간의 경제적 이익을 얻는다. 그러나 이러한 과정에서 바이러스 등이 인간을 위협하는 기회가 증가한다면 이 결과는 돈으로 환산할 수 없는 재앙이 될 수 있기 때문이다. 어떻게 해

---

22 어느 생태학자는 생태백신이라는 용어를 사용하며 숲을 포함하는 생태계 보전의 중요성을 강조하였다.

야 숲과 밀림을 온전히 보전할 수 있는지는 우리의 생각과 노력에 달렸다.

꿀벌이 줄어들고 있다는 이야기를 듣고 있다. 꿀벌을 수입하기도 한다. 벌이 있어야 꽃가루를 옮겨 꽃이 열매를 맺을 수 있기 때문이다. 벌이 없으면 대신할 만한 것이 별로 없다. 그러면 열매가 맺지 못하고 그렇게 생태계는 파괴되어 간다. 이런 이야기는 많이 듣게 된다. 생태계를 보전하는데 필요한 생물체는 어떻게 보호해야 할까.

생태계를 보전하기 위하여 산에 토끼를 풀어 놓는다거나 바다에 물고기를 방생한다는 뉴스를 가끔 접한다. 몇 마리 풀어 놓으면 생태계가 보전될까. 단순화시켜서 생각해 본다. 산에 토끼와 여우가 있다고 가정하자. 여우는 토끼를 잡아먹는다. 그래서 토끼가 많으면 여우의 번식이 증가한다. 그러다가 토끼 수가 줄어들면 여우 수도 감소한다. 그러면 다시 토끼 수가 증가한다. 토끼와 여우 수가 어느 범위 안에 있으면 둘은 공존할 수 있다. 어떤 다른 요인 예를 들면 질병이나 사냥으로 여우 수가 급격히 줄어들면 초기에는 토끼 수가 급격히 늘어나지만 결국 생태계는 파괴된다. 자연에서 구할 수 있는 토끼의 먹이가 한계에 달하면 마을로 내려와 논밭의 작물을 먹어치울 것이다. 토끼가 병원균을 갖고 있다고 가정하면 병원균이 마을에 옮겨질 것이다. 주민들은 질병에 걸릴 수 있고 농사에 문제가 생기므로 토끼를 잡아야 한다. 그래서 생태계를 유지하려고 하는 것이다. 토끼 수가 너무 적으면 토끼를 산에 방사해야 한다. 토끼가 너무 많으면 토끼 사냥을 허가한다. 그러면 다시 산의 토끼와 여우의 생태계는 안정된다. 생태학자는 더 복잡한 현실에서 어느 정도의 수(개체 수)가 안정에 도움이 되는지를 연구한다.

표 2.1 지구온도 상승에 따른 2050 생물다양성 변화

온도 상승	영향
1도	생명체 10% 멸종
2도	북극곰 등 생물 15-40% 멸종
4도	모든 빙하 사라짐

* 미국 해양대기청 자료.
* 현재 상황이 계속되면 지구온도는 4-5도까지 상승할 수 있다.

자연과 인간이 공존하는 지구 생태계를 생각할 수 있다. 산업화와 대량 소비문화로 이 생태계가 깨지고 있다. 다시 회복시켜 안정화시켜야 인간도 안전하다. 이러한 취지를 담은 생태계 보전을 위한 생물다양성 협약이 발효중이다. 생물다양성에 관한 협약(Convention on Biological Diversity)은 유엔환경계획(UNEP)이 주관한 정부간 회의 결과로 1992년 5월 협약이 체결되었다. UN은 '세계생물다양성의 날'을 5월 22일로 정하여 매년 기념하고 있다.

어업과 관광 자원을 보호하는 해양 환경

호주의 산호초는 세계적으로 유명하여 그 경치를 보기 위해 온 세계의 관광객이 밀려든다. 그런데 최근에는 산호 군락이 죽어간다는 뉴스가 뜬다. 1.5-2도가 상승하면 산호초가 백화현상으로 폭넓게 해를 입고, 2.5도 이상 올라가면 폭넓은 폐사가 예상된다고 한다.

#사례 : 핑크 뮬리와 억새밭

얼마 전부터 가을 생태 공원에서 핑크 뮬리를 많이 볼 수 있다. 핑크빛을 자랑하는 가을의 전령사 같은 모습으로 군락을 이룬다. 색이 눈길을 끄니 곳곳에 핑크 뮬리를 심었다. 토속적인 억새밭 대신 핑크 뮬리밭으로 바뀌었다. 아직 일부에 불과하지만 많은 이들이 핑크빛 아름다움을 쫓다보니 핑크 뮬리밭은 점점 넓어지고 있다. 시간이 더 흐르면 억새 축제가 핑크 뮬리 축제로 바뀔 듯하다. 그런데 여기에 문제가 있다. 생태계가 파괴되고 있다. 대만에서는 핑크 뮬리를 생태계 위협종으로 지정하여 무분별하게 심는 것을 억제하고 있다. 우리나라는 생태계 위해성 2급으로 분류하여 지속적인 관찰을 하기로 하였다. 하지만 생태계 파괴를 우려하여 핑크 뮬리를 제거하고 다른 품종으로 교체하는 지자체도 있다.

산호는 바다의 동물군에 속하는데 산호에서 분비되는 탄산칼슘 구조체가 같이 결합한 수중 생태계를 산호초(coral reef)라고 한다. 산호초는 수온에 매우 민감하다. 수온이 상승하고 부영양화가 되면 바다

배가 좌초된 후 3일 동안 폭풍우가 불면서 대량의 원유가 나이트 열도 각지의 갯바위에 밀려왔다. 이 사진은 기름이 바위 틈에 쌓인 모습.

의 조류(algae)가 늘고, 그러면 산호로 가는 산소 공급이 적어져 산호를 죽일 수 있다. 그래서 육지에서 바다로 가는 강물에 질소나 인 농도가 증가하면 부영양화가 생겨 결국 산호초가 파괴된다. 최근 해조류의 하나인 모자반이 산호초를 죽이는 것으로 알려졌다.

해양오염의 또 다른 경우는 가끔 유조선 또는 대형 선박에서 기름이 흘러나와 바다와 해안을 오염시키는 것이다.

대표 사례는 1989년 알래스카 앞바다에서 유조선 '엑슨발데즈

호'의 기름 유출 사고이다. 2010년 미국 멕시코만 석유시추선 '딥워터 호라이즌'호의 원유 유출 사고도 있다. 영화로도 만들어졌다. 환경 관련 윤리문제를 같이 다루고 있다. 한때 태안반도가 기름에 오염되어 시민들이 기름 제거에 동참한 적이 있다. 기름이 유출된 태안반도 바다는 12년이 지나서야 깨끗해졌다고 한다.

1990년경 저자는 어느 대학의 미생물학자가 기름을 분해하는 미생물을 찾았다는 뉴스를 보았다. 그 미생물의 발견으로 멀지 않아 기름 유출로 인한 해양오염 문제는 해결될 수 있다고 했다.

그 뉴스를 본 지 30년이 지났지만 그 후의 이야기는 들려오지 않고 있다. 미생물이 기름을 분해하려면 다른 영양분도 필요하고 산소도 공급되어야 하는데 파도치는 바다에 미생물만 살포한다고 되는 게 아니다. 잔잔한 바다에 영양분과 미생물을 살포했더니 1주일 후에 기름이 없어졌다는 실험 결과는 있지만 아직 파도치는 현장에 적용하기는 쉽지 않은 모양이다. 그러다 보니 다양한 솔루션이 제안되고 그 중 하나로 '물은 거르고 기름만 떠내는 기름 뜰체', '물 위를 헤엄치며 기름을 제거하는 기름먹는 물방게 로봇' 등이 개발되어 시험 중에 있다.

3.3 쓰레기를 활용하는 비즈니스가 뜬다

가정에서 우리가 배출하는 쓰레기를 생각하자. 과거에는 쓰레기를 대부분 매립하였다. 그러다가 매립지를 구하기 어려워지고 매립하여

쉐코 아크(Sheco Ark)

GreenPeace 해양오염 방지 데모 사진

도 침출수 등의 문제가 있어 대안으로 소각 방식이 도입되었다.

소각 초창기에는 소각하면 쓰레기가 다 타서 없어지는 줄로 생각했다. 그러다가 소각하면 다이옥신[23] 등 발암성 물질이 배출된다고 하여 소각장을 건설하려는 지역 주민들이 반대를 심하게 하였다. 실제로 저자는 1990년경에 소각장이 있는 지역을 방문했을 때 지역 주민들로부터 개들이 기형 강아지를 많이 낳았다고 하는 이야기를 듣기도 하였다. 그 이후 다이옥신에 대한 연구가 많이 진전되어 쓰레기를 고온에서 소각하여 완전 산화시키거나 생길 수 있는 유해물질을 제거하는 장치를 갖추는 등 문제를 많이 해소시킨 듯하다.

지금도 여전히 매립이나 소각 둘 중 하나를 선택하는 것이 쓰레기 처리 방식이라고 생각한다. 매립지 확보의 한계, 소각하는 경우의 환

---

23 다이옥신(dioxine) : 벤젠고리에 염소가 포함된 화합물로 환경호르몬의 하나이다. 강력한 발암 물질로 알려져 있다.

경문제는 여전히 우려된다. 소각 방식은 공해방지 설비를 충분히 하면 쓰레기가 에너지로 재생된다고 하면서 여태 사용되고 있다. 쓰레기를 소각하기 위하여 기름을 사용하는데 쓰레기에 수분이 많으면 기름이 더 소요되어 쓰레기를 태우는 것인지 기름을 태우는 것인지 모르겠다라고 하는 비판도 있다.

이제는 이산화탄소 배출을 줄여야 하는 큰 과제가 우리 앞에 놓여 있다. 기름으로 쓰레기를 소각하는 방법을 대체할 새로운 방법을 찾아야 할 시점이다. 새로운 방법이 소개되고 있다.

도시에서 배출되는 쓰레기 성분을 생각하자. 쓰레기에서 쇳조각, 플라스틱, 유리 조각, 비닐 등 몇 가지를 분리하면 나머지는 나무, 종이 등의 유기물이다. 유기물은 자원이다. 유기물을 미생물 처리하면, 음식물 쓰레기 처리처럼, 퇴비나 토양개량제 등으로 사용할 수 있는 유용한 물질이 얻어진다. 최근에는 이러한 방법이 쓰레기 처리의 전처리 방법으로 인정받기 시작하였다. 쓰레기를 이와같이 처리하면 쓰레기양이 줄어들어 소각, 매립에 부담이 줄어든다는 논리이다. 여전히 소각이나 매립을 쓰레기 처리의 수단으로 고집하는 데서 나오는 개선책이라고 생각이 든다. 100% 퇴비화 방법으로 처리하면 진정한 재활용인데 그러면 소각시설이 필요 없게 될지도 모르지만 아직은 완전한 방식이 아니라고 인식하는 듯하다. 소각 방식을 전면 퇴비화 방식으로 전환하면 소각 설비를 폐기해야 하는데 이것도 현실적으로는 충격이니 선뜻 새로운 방식의 채택에는 소극적인 듯하다.

퇴비화란 단순히 퇴비를 만드는 것이 아니라 큰 분자의 유기물을 작은 크기의 분자로 변환시키는 생물학적 방법이다. 예를 들면 셀룰로오스와 같은 고분자는 미생물이 분비하는 효소에 의하여 저분자 화합물인 포도당이나 다당류로 전환된다. 혐기적으로 완전분해시키면 메탄가스가 발생하지만 적절한 수준에서 멈추면 유용한 자원이 되는 것이다. 비료뿐 아니라 사료로서도 가치가 있다. 퇴비화는 경험에 의한 기술로 인식되고 있는 듯하다. 첨단 바이오기술과 접목하여 연구하면 기후변화를 막는 그리고 유용한 소재를 얻는 신기술이 될 수 있을 것이다. 쓰레기 처리에 있어서 소각이나 매립보다는 퇴비화와 같은 친환경적이고 경제성 있는 새로운 방식이 필요한 시점이다.

토양 오염도 쓰레기 탓

개발도상국에는 쓰레기 매립지 위에 집을 짓고 쓰레기에서 병 등을 주어서 팔아 생계를 유지하는 곳이 많다. 그곳에 사는 이들은 갖가지 질병에 걸린다는 뉴스를 접한다. 매립지에서 유해 휘발성 물질이 공기 중으로 퍼져 나오게 되고 시간이 지나면서 인체에 영향을 미치고 피부병, 암 등의 질병으로 나타난다. 빗물에 유해물질이 용해되어 지하로 내려가면 지하수나 냇물을 오염시킬 수 있다. 중국 광동성 꿰이위는 세계 최대 전자쓰레기 마을로 알려져 있다. 그 마을 주민들은 외부와 격리된 삶을 사는데 특별히 아이들의 80% 이상이 납 중독으로 판명났다. 위에 언급한 이유로 생각된다.

토양 오염은 토양에 유해물질을 버림으로써 생기는 문제이다. 기름이나 유사한 화학물질이 저장탱크에서나 이송 중 유출되어 토양을 오염시키는 경우가 많다. 부주의하게 버린 경우도 있다. 어떤 경우이든 토양에 기름 등의 유해물질이 들어가면 토양을 오염시키게 되는데, 오염된 토양에서 흙을 통과하여 대기 중으로 증기가 올라온다. 그러면 근방에 사는 주민들에게 악취를 유발하고 심하면 질병을 유발한다.

미국 러브 캐널 사건이 대표적인 사건이다. 미국의 후커케미컬사가 유해폐기물을 매립함으로써 일어난 환경 재난으로 기억된다. 1940년부터 1952년까지 나이아가라 폭포 근처에 러브 운하를 파다가 중단된 웅덩이에 폐기물을 매립하였다. 여기에 학교와 주택을 건설하였는데 1970년대에 들어서 이상한 현상이 관찰되어 1977년 이 지역을 조사하기 시작하였다. 1978년 환경재난지역으로 선포하고 주택과 학교를 철거하고 대책을 세우기 시작한 사건이다.

어떻게 해야 하는가? 토양을 원래의 상태로 회복(remediation)시켜야 한다. 오염이 심하면 흙을 파내어 빨래하는 것처럼 세제나 계면활성제를 사용하여 세탁해야 한다. 그 후에는 말려서 다시 토양에 뿌려준다. 오염이 심하지 않으면 그리고 광범위한 지역이 오염되었으면 토양에 미생물을 주입하고 공기를 공급하여 자연적으로 미생물이 분해하도록 해야 한다. 이 방법을 생물학적 회복(bioremediation)이라고 하는데 처리에 시간이 많이 소요되는 방법이다. 비행장이나 주유소 등 기름을 많이 취급하던 곳을 이전하는 경우 기름에 오염된 토양이 있는 곳이 많다. 토양을 원래대로 깨끗하게 처리해야 다른 용도로 사용할 수 있다. 우리나라에도 토양이 오염된 곳이 있어 토양 오염물 처리에 관심을 가져야 한다.

3.4 깨끗한 먹거리를 찾는다

오래전에 인도를 방문하였다. 인도에서는 유기농으로 작물을 재배한다고 한다. 인도처럼 인구도 많고 식량이 모자라면 비료와 농약을 사용하여 생산량을 늘려야 하지 않느냐고 질문했다. 그랬더니 EU에 농산물을 수출하려면 유기농이어야 한다고 대답했다.

아프리카의 몇몇 지역은 농업 생산성이 낮아 당장 먹고 살기가 어렵다. 그래서 선진국의 몇몇 단체는 비료와 농약을 사용하라고 지원한다. 그런데 아프리카의 환경단체 AFSA(The Alliance for Food Sovereignty in Africa)는 비료, 농약 사용을 줄여야 한다고 주장하고 있다. AGRA(The Alliance for Green Revolution in Africa)가 주장하는 비료, 농약을 사용하는 산업적 농업 방식으로는 환경이 파괴되고 인체에 유해하기 때문이란다. 농업 생산성을 올리는 것도 중요하고 환경 보전도 중요하다. 어떻게 하는 것이 좋을까?

우리는 오래 전부터 농업 생산성을 올리기 위하여 비료와 농약을 사용하고 있다. 암모니아의 합성 그리고 비료의 생산은 화학기술의 꽃이라고 하였다. 비료와 농약의 사용은 농업 생산성을 괄목할만하게 높여 인류를 기아로부터 구하는 데 큰 역할을 한 것으로 평가된다.

그런데 비료와 농약의 남용이 토양을 산성을 만들고 토양미생물을 죽게 한다고 알려졌다. 농약 성분이 식물에 남아 식탁에 오르는 것이 걱정되어 잘 씻으려고 한다.

그래서 유기농업이 소개되고 있으나 비료와 농약을 사용하는 방식보다 생산성이 낮아 현실적으로 보급에 한계가 있다. 지금까지는 그렇게 인식되고 있다.

　최근 스마트 농장이 보급되면서 비료와 농약 사용을 감소시킬 수 있는 방법으로 인식되기 시작하였다. 이스라엘의 사막 지역에서도 농작물을 재배하고 있는데 자세히 보니 작물 뿌리 주위에 물이 한 방울씩 떨어지고 있었다. 그 정도면 작물이 필요로 하는 물을 공급하는 데 충분하다는 것이다. 그들은 주로 해수담수화를 통해 물을 얻기에 물이 비싸니 아낄 수밖에 없는 것이다.

　최근에는 스마트 농업이 확대되면서 비료와 농약도 최소한으로 사용하고 있다. IT기술과 접목된 스마트 팜(smart farm)은 물 사용을 줄이고 농지사용은 일반 농업의 1% 정도로 장점이 많다. 농약과 비료의 사용도 최소화하고 있다. 식물에게 필요한만큼만 공급하니 토양이나 환경에의 영향도 별로 없다. 이것이 스마트 농업이고 친환경적인 농업이다. 아직은 고가의 채소 재배 등에 적용되고 있으나 향후 농업 방식에 큰 변화를 줄 것으로 기대된다.

　축산업 분야도 많은 문제가 있다. 그 중의 하나는 분뇨 문제이다. 환경 교과서를 보면 가축의 분뇨는 유기성 물질의 농도가 매우 높은 고농도 폐수로 분류되어 혐기성으로 처리하고 있다. 개도국의 농촌에서는 그 결과 생성되는 메탄가스를 가정에서 연료로 사용하고 선진국에서는 도시가스로 사용하고 있다. 그러나 다시 생각하면 가축의 분뇨는 자원이다. 대부분이 유기성물질이므로 토양미생물을 사용하면 퇴비화되어 사료 등으로 사용할 수 있다. 실제 필리핀의 시골에서는 돼지, 닭 사육 시에 나오는 분뇨를 미생물 처리하여 활용하고 있다.

인공육 비즈니스가 시작이다

축산업 분야에서도 새로운 기술이 소개되고 있다. 그것은 인공육을 생산하는 것이다. 인공육은 지금까지는 식물성 고기와 배양육의 두 가지로 분류하였다. 인공육을 고기 대신 먹으면 소 등의 가축을 키울 때 발생하는 메탄가스 발생을 줄이고 목초지를 식량 작물 생산 등 다른 용도로 활용할 수 있는 것이다. 싱가포르는 2020년 닭고기 배양육의 시판을 허가했다. 현재는 비싸지만 연구개발, 생산성 증대로 계속 내려갈 것으로 전망되고 있다. 헤모글로빈의 헴(heme) 성분이 고기 맛을 내게 하는 것으로 알려져 콩에 헴을 첨가하는 방식도 소개되고 있다. 헴은 유전자재조합된 미생물로 생산할 수 있다. 최근에는 미생물을 배양하여 인공육의 소재로 사용하는 방식이 시도되고 있다.

지금은 세계적으로 연구개발 초기 단계이다. 10년이 지나면 가시화되어 식탁에 올라올 것이다. 다시 10년이 지나면 시장 규모가 커지고 환경에 큰 도움을 줄 것이다. 지금부터 20여년이 지나면 기술이 안정화되어 시장 규모가 커지고 새로운 산업으로 자리매김할 것이다. 그러면 가축이 내보내는 메탄가스 배출량을 줄일 수 있고 축산용 토지는 식량생산 등에 활용할 수 있을 것이다. 이러한 과정에서 전통적인 축산 농가는 피해를 입을 것이다. 축산농가의 피해를 최소화하면서 발전적인 변화를 이끌 수 있는 지혜가 필요하다.

#소개 : 노아바이오텍

노아바이오텍 (Noah Biotech)은 2019년에 설립되었고 2021년에 벤처기업으로 등록된 신생 벤처이다. 이 회사는 3D 프린터를 활용한 소 유래 근육 및 지방 세포의 3차원 배양 기술을 연구하고 있다. 국내 특허, 미국 특허를 출원하고 학술지에 논문 게재 등의 과정을 거쳤다. 노아바이오텍은 소 등의 가축에서 조직세포를 분리하고 조직세포에서 줄기세포를 추출한 다음 세포를 배양하여 근섬유를 만드는 것을 핵심기술로 개발하고 있다. 인구가 증가하고 소득도 증가하면서 육류의 소비량은 계속 증가하는데 육류 생산에 필요한 토지와 담수 자원은 이미 포화상태라 인공육에 대한 필요는 계속 커지고 있다. 여기에 소가 내뿜는 온실가스로 알려진 메탄가스를 줄이고 소를 키우기 위하여 사용되는 초지를 어느 정도 식량 생산에 돌린다면 그 혜택은 엄청난 것이다. 또 새로운 기업의 기회인 것이다.

#인터뷰 : 이호용교수(가나안세계지도자교육원, 상지대 교수 역임)

자연농업이란 무엇인가요

무분별한 개발과 토양의 황폐화로 생태계가 교란된 후 많은 학자들과 농부들은 새로운 방법을 시도하게 되었습니다. 그러한 시도들이 바로 유기농업, 자연농업, 미생물농법, dynamic farming 등입니다. 이러한 단어 모두가 의미하는 것은 바로 자연환경에 가까운 방식의 농업 즉 친환경 자연농업이라는 것입니다.

강원도 평창 청옥산 육백마지기 농장에는 '잡초 공적비'라는 커다란 비석이 세워져 있습니다. 50년 가까이 유기농법으로 농사를 지은 농부 이해극이 세운 비석입니다. 잡초는 농사의 천적이 아니라 도리어 동반자이자 동업자라고 그는 칭송합니다. 땅을 깊게 갈아 잡초를 제거한 토양은 비가 오면 표토 층이 다 쓸려 내려간다는 것을 알게 되었기 때문입니다. 그는 잡초가 자라게 내버려 두었다가 예초기로 잘라 그 자리에 덮어 주었습니다. 또한 가을에 호밀을 심어 40-50cm로 자라는 2월 말이면 관리기로 뿌리는 남기고 잘라서 표토와 섞어 준 후에 작물을 심었습니다. 이렇게 뿌리 덮개와 비료로 사용되는 식물들을 녹비라고 부릅니다. 이렇게 함으로써 별다른 비료를 농토에 넣지 않아도 그곳에서 20톤 가까운 브로콜리와 고추를 생산하여 판매하고 있습니다.

'기적의 사과'라는 책의 저자인 일본의 농부 이시카와 다쿠지는 사과나무를 키웠습니다. 어느 날 살충제의 위험함을 깨닫고 유기농을 시도하지만 10여 년 동안 사과나무들은 죽어가고 사과는 열리지 않았습니다. 재정적 문제뿐 아니라 주변의 조롱까지 당하며 극단적인 환경까지 몰리던 그가 전환점을 찾은 방법은 잡초가 자라더라도 뽑지 않고 잘라서 다시 땅에 돌려주었던 것입니다. 땅은 다시 살아났습니다. 사과나무를 뒤덮는 잡초를 제거해 이를 사과나무의 뿌리덮개로 사용하는 것이었습니다. 그 이후에 살아남은 사과나무들은 건강을 되찾았고 거기서 열린 사과들은 말라서 비틀어질지언정 썩지는 않아 기적의 사과로 불리게 되었습니다. 이제 이 '기적의 사과'를 구매하려면 최소한 1년 전에 예약해야 가능하며 가격도 일반 사과와 비교해 10배 가량 비쌉니다.

친환경적인 방법인가요

무분별한 도시 개발과 기계화 농업이 시작된 이후에 우리는 본디 땅이 가지고 있던 토양 유기물의 40% 이상을 잃어버렸습니다. 산업혁명 후 대기 중에 더해진 탄소의 30%는 경운에서 비롯된 것입니다. 그러나 공기 중의 탄소를 고정하여 토양에 돌려놓는 농사를 짓는다면 토양탄소를 매년 0.5%씩 증가시킬 수 있으며 이는 전 세계 탄소 배출의 30%를 상쇄할 수 있는 방법이 됩니다. 이것이 친환경 자연농업의 핵심입니다.

이러한 환경이 마련되면 식물은 뿌리를 깊이 뻗을 수 있으며 식물의 뿌리들은 진균과 서로 연결되어 균근(mycorrhiza)을 형성하며 식물-미생물 생태계(rhizosphere)를 형성합니다. 이렇게 형성된 균근 구조를 통하여 식물은 진균에게 미네랄을 얻고 대신 영양분을 제공하는 공생 시스템을 구성합니다.

심지어 균근은 숲 전체를 이어줍니다. 이를 MWW (Mycorhizal Wide Web)로 불러야 할 정도로 나무와 나무들은 균사를 통해 화학물질과 전기적 성질을 이용하여 정보를 교환합니다. 초식 동물들의 침입을 서로에게 알려 저항물질을 생산할 시간을 벌어주며 작은 식물들에게는 양분을 공급합니다. 그러니 이렇게 멋진 시스템이 깨어진다면 식물들 자체도 건강한 삶을 유지하기 어려워지는 것입니다.

Beech is ectomycorrhizal

자연농업이 세계적인 관점에서 필요합니까

유엔에서는 2014년을 '세계 가족 농의 해'로 지정하였습니다. 이어서 2019~2028년을 '가족 농의 해 10년'으로 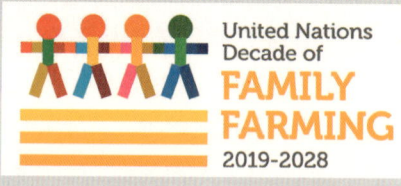 선언하면서 구체적인 행동계획을 제시하였습니다.

가족 농(Family Farming)과 소농(Small Farming)이 유엔이 갖고 있는 세계적 문제인 식량안보와 빈곤퇴치를 달성하는데 중요하며 꼭 필요한 사항이므로 특별히 지원하지 않으면 또 다른 식량위기를 겪게 된다는 인식이 있었기 때문이었습니다.

이는 2007~2008년에 벌어졌던 식량위기를 겪었기 때문이었으며 그 이유로 대기업이 주도하는 푸드 시스템이 불완전하기 때문이라고 판단했습니다. 따라서 먹거리의 안정적인 생산뿐 아니라 지역을 살리고 지구를 돌보기 위해서는 가족농이 유일한 해결책이라고 밝혔습니다.

가족농이 중요한 점은 기계를 사용하는 대규모 경작이 아니라는 것입니다. 다양한 품종을 함께 키우고 토양의 질을 높이는 방식을 선택하므로 지역의 환경을 보호하는 방식이기 때문입니다. 그중 가장 선호되는 복합 영농은 전통적인 방식으로 작물 생산물의 폐기물이 축산에 사용되고, 그 축산 폐기물이 다시 작물 생산에 돌아가는 생태적 순환을 이루게 하므로 오염을 막고 다양성을 증진시키기 때문입니다.

기존 방식으로는 외부로부터 경운기나 트랙터를 사용하기 위한 연료, 살충제, 살균제, 화학 비료, 종자 등을 사야 했습니다. 그러나 농토에서 생산된 모든 유기 폐기물들을 최대한 순환시켜 토양 생태계를 보호하며, 농토를 자연의 토양과 유사하게 만들어 간다면 세계의 굶주림과 가난의 문제를 해결할 수 있다는 것입니다. 이를 위해서 토착 미생물(Indigenous Micro-organism)의 배양 시스템을 갖추어 균근 시스템이 잘 활착되도록 토양을 보호하며, 뿌리 덮개(mulching)를 이용하여 작물의 성장에 필요한 영양분과 수분을 유지시키고, 잡초들조차 소중한 동반자로 생각하여 농토 전체의 생물 다양성과 생산력을 높이는데 주력한다면 커다란 농기계 없이도 다양한 품종의 건강한 작물들을 생산할 수 있습니다. 이러한 방식은 한국에서뿐 아니라 중국, 필리핀, 인도네시아, 우간다, 케냐, 탄자니아 등의 여러 지역에서 이미 여러 곳에서 성공을 거두었습니다. 특히 필리핀의 작은 도시 두밍각(Dumingag)에서는 10년간의 협력을 통해 하루 1달러 미만의 빈곤층이 90%가 넘던 상황을 친환경 농업과 농산물의 가공을 통해 절대 빈곤 0%로 만드는 성과도 거둔 바 있습니다.

제3부

기술개발과 위기극복을 위한 당사자의 역할

3부에서는 기술 개발과 위기 극복을 위한 당사자를 5개의 그룹, 기업의 기술개발, 정부의 정책, 환경 단체의 역할, 국제협약. 인재 육성을 위한 교육으로 선정하였다.

기술개발의 원동력은 과학기술에 대한 호기심과 사명감 외에도 기업의 요구, 환경단체의 요구 등이다. 기업은 기술 개발이 새로운 사업의 시작이므로 매우 중요하다. 정부는 기술 개발의 촉진과 지원을 담당하고 있다. 실용화관련 정책을 입안하고 추진한다. 이 과정에서 국제단체들이나 관련 당사국들과 협력을 한다. 과학자, 기업인, 환경 운동가, 정부 공무원, 국제기구 관련자 등이 우수 인재가 필요하다. 우수 인재의 시작은 교육이다.

기술의 연구개발만으로 환경 문제가 해결되지 않는다. 모든 요소가 상호 유기적으로 연계되고 더해져야 환경문제가 해결될 수 있다. 기술개발과 환경 위기를 해결하기 위한 당사자의 역할 변화를 살펴보고자 한다. 모든 요소가 환경문제를 해결하기 위한 핵심요소들이다.

1 기술 개발 : 기업 변화의 시작

환경에 대한 관심이 기술 개발의 시작이다. 환경을 보전할 수 있는 기술이 개발되고 실용화되어야 환경 위기를 극복할 수 있다. 기초 연구는 주로 대학, 연구소에서 이루어지지만 실용화를 염두에 둔 연구와 기술 개발은 기업의 몫이다. 기업을 경제성만 따지는 사업가로만 보면 안 된다. 기업과 사회는 공생해야 한다.

1.1 독일의 바스프는 어떤 사업을 할까

독일의 화학회사인 바스프 BASF[24]는 세계 최고의 화학회사이다. 바스프는 어떻게 사업을 하여 수익을 창출할까. 바스프는 글로벌한 이슈를 신사업의 기회로 보고 도전하여 새로운 기술을 개발한다. 새로운 기술을 개발하여 시장을 선점하고 수익을 내는 것이다. 이것이 바스프가 세계적인 화학회사로 성장할 수 있는 이유이다. 앞으로 세계의 에너지, 식량, 환경 등의 문제가 심각해질 것으로 판단하고 관련사업을 함으로써 문제를 해결하고 기업을 발전시키겠다는 비전을 제시하고 있다.

[24] BASF(Badishe Anilin & Soda Fabrik) : 아닐린과 소다로부터 시작한 회사

#인터뷰 : 장형태 대표(바스프 아시아 플라스틱사업 총괄책임자 역임)

바스프는 어떤 회사입니까

1865년에 설립된 150년 이상의 역사를 지닌 회사입니다. 초기에는 석탄으로부터 출발하는 석탄화학 소재, 예를 들면 아닐린, 가성소다, 염료 등의 소재를 만들었고 다음으로는 암모니아를 합성하여 비료를 생산하였습니다. 청바지에 사용되는 인디고 염료를 개발하였고 암모니아를 합성하여 질소 비료를 생산한 것으로 잘 알려져 있습니다. 그 이후 석유화학을 접목하여 현재 종합 화학회사로 성장했습니다.

소비자와 직접 연계되는 소재는 별로 생산을 하지 않아 일반인에게는 덜 알려져 있지만 세계 최대의 화학 기업입니다. 세계 인류의 문제를 해결하는 데 도움이 되는 소재, 에너지, 환경, 식량 등과 관련되는 기초화학소재를 생산하여 인류의 발전에 기여하는 것을 최고의 가치로 생각합니다.

바스프의 플라스틱 사업은 어떤가요

소비자를 상대로 하는 PE, PP, PVC와 같은 범용(general purpose) 플라스틱을 생산하여 판매했는데 밤용 플라스틱은 시장변동성이 크고 환경 문제가 예상되어 범용플라스틱 사업에서는 철수했습니다. 환경 문제에 도움이 되는 PLA와 같은 생분해성 플라스틱은 생산하고 있습니

루드뷔히샤펜(Ludwigshafen)에 있는 바스프 공장의 야경

다. 자동차, 가전제품 등에 사용되는 엔지니어링 플라스틱은 내구성 소재로 사업을 계속하고 있습니다. 엔지니어링 플라스틱은 금속, 목재 등을 대체하는 소재로 환경문제는 제기되고 있지 않습니다.

바스프의 환경에 대한 관심은 어느 정도입니까

유럽의 기업들은 환경, 안전, 보건에 대하여 매우 관심이 높습니다. 최근의 ESG와 같은 용어를 사용하지는 않았지만 오래전부터 체질화되어 있어 크게 바꿀 것은 없습니다. 에너지도 중요하다고 생각합니다. 바스프는 에너지 소비를 줄이는 단열재 등 소재 사업을 합니다. 바스프의 주력 공장은 과거에 내수면 도시에 자리 잡고 있어 지역의 환경에 관심이 많습니다. 그래서 공장에서 배출되는 폐수 처리를 완벽하게 하려고 합니다. 그리고 지역에서 배출되는 하수폐수도 모아서 처리해 줍니다. 지역 주민이 회사의 직원과 가족이기 때문입니다. 오랜 역사로 인해 환경과 에너지 문제 등에 경험과 전문성을 갖고 있습니다. 비료 사업은 철수했지만 농업에 관련된 화학소재는 필요한 것이라고 판단하여 농화학 사업은 계속하고 있습니다.

해양풍력 발전용 터빈의 기둥 제작 모습
높이 60-75 미터, 직경 7-8 미터/ 바스프는 신재생에너지인 해양풍력발전에도 참여하고 있다.

바스프에 근무하셨던 경험과 소감을 말씀해 주세요

1977년에 입사하여 2015년 퇴사할 때까지 38년을 근무했습니다. 한국

> 바스프(BASF Korea)로 인연을 맺어 근무하다가 중간에 싱가포르로 자리를 옮겨 퇴직할 때까지 아시아 지역 사업을 담당했습니다. 한국에 근무할 때 유럽의 전통 있는 화학회사를 우리나라에 투자하도록 한 것이 기억에 남습니다. 아시아 지역의 플라스틱 사업을 총괄하면서 바스프의 경영 철학에 대하여 많은 것을 배웠습니다.
> 바스프는 주인이 따로 없습니다. 외부에서 CEO를 영입한 적이 없이 내부 직원들이 승진하여 책임자가 됩니다. 모두의 신뢰가 높습니다. 중간관리자의 권한이 많고 전통이 오래되어 합리적인 경영이 이루어진다고 생각합니다.
> 바스프는 5-10년마다 경영 방침을 새롭게 정합니다. 세상의 요구와 미래를 예측하여 경영 방침을 정하는 것입니다. 큰 변화는 여기에서 이루어집니다. 또 관련 협회에 소재, 에너지, 환경 분야의 전문가를 파견하여 화학 산업 분야의 발전과 사회적 책임을 다하려고 노력합니다.

미국의 듀폰DuPont[25]도 마찬가지이다. 초기에는 전쟁에 필요한 화약을 만들어 수익을 창출하였다. 다음에는 새로운 소재를 만든다는 계획으로 새로운 기술을 개발하여 나일론 등 고분자화학 제품을 만들었다. 그래서 세계 최고의 화학기업이 되었다. 그다음에는 농업, 의료, 환경, 소재 등의 문제 해결에는 바이오기술이 중요하다고 판단하여 바이오기술을 개발하였다. 이제는 바이오 부문의 매출이 화학보다 큰 회사로 성장하고 있다.

시대의 문제를 해결하는 기술을 개발하여 사업을 하므로 기업을

25　듀폰(DuPont de Nemours, Inc.) 미국의 화학 관련 기업

성장시킨다는 이야기이다. 기술개발이 환경문제에 물꼬를 터주는 역할을 한다. 기술개발은 어떻게 이루어지는가. 대학, 연구소에서 기초연구를 수행하는 과정에서 새로운 아이디어가 나오고 그것이 돌파구(breakthrough)가 되기도 한다. 기술의 진보를 목표로 하여 연구하는 과정에서 실용화할 수 있는 기술이 개발되기도 한다. 어떤 경우이든 기업에서 실용화를 하는 것이므로 기업의 판단이 중요하다.

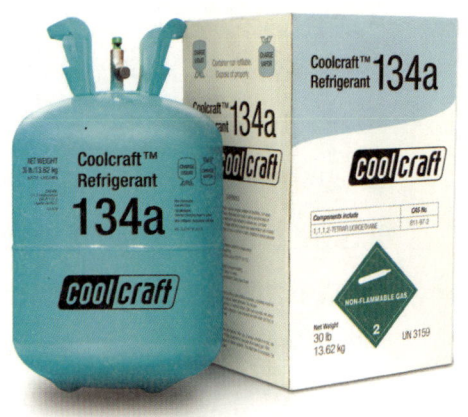

기술개발이 사업으로 연계되어야 한다. 사업은 기업의 몫이다. 기업은 수요가 있어서 수익이 창출될 수 있어야 관심이 있다. 그래서 세계적인 기업은 세계의 문제를 예측하고 거기에 대응할 수 있는 사업을 구상한다.

과학자들이 오존층 이슈를 이야기하면 기업은 오존층 파괴의 원인으로 알려진 프레온의 대체품을 개발하기 위한 연구를 한다. 기술이 개발되어도 시장 규모가 커야 하니 세계적인 이슈로 부각시켜 대체품의 수요가 크게끔 홍보 활동을 한다. 세계적인 이슈가 된 다음에 기술을 개발하면 선두주자의 자리를 차지할 수 없고 후발주자가 시장에 진입하는 것은 어려우므로 다른 기업보다 먼저 필요성이나 변화를 예측하고 관계되는 기술을 개발해야 한다. 기술이 개발되어도 초기 기술로는 수익성이 높지 않으니 인센티브 생각을 한다. 한 가지는 소비자의 마음을 움직여 조금 비싸더라도 친환경적인 제품을 사용하도록 하는 것이다. 그런데 이것만으로 충분치 않은 경우가 많으므로 정부에 인센티브를 요구한다. 정부가 보조금을 주거나 세금을 감면하는 등의 방법으로 기업에게 수익성을 보장해달라는 것이다. 그래야 환경도 보전되고 그 수익으로 더 경쟁력 있는 기술을 개발해야 한다고, 그것이 먹거리와 일자리를 창출하는 방법이라고 정부를 설득한다. 실제로 풍력, 태양광에너지, 전기자동차 등에는 정부가 다양한 방법으로 엄청난 규모의 인센티브를 주고 있다.

기업이 인센티브를 요청하기 전에 환경에 대한 기업의 관심과 참여를 이끌어내는 방법의 하나는 정책이다. 기후변화 관련하여 탄소배출권 제도를 만들고, 탄소세를 부과하여 기업이 기후변화에 관심을 갖도록 하는 것도 한 예이다. 관련되는 국제협약을 추진하는 것도 효과적이다.

또 다른 방법은 소비자의 목소리이다. 소비자의 목소리는 매스컴, 환경단체, 학술단체 등을 통해 전달된다. 기업이 소비자의 목소리를 적극적으로 받아들이면 기업의 이미지 제고에 도움이 되고 그렇지 않으면 반기업 정서가 생기기 시작하여 심지어 제품 불매운동으로 연결될 수 있기에 관심을 가져야 한다.

우리는 오랫동안의 경험을 통하여 이러한 레슨을 했다.
이러한 경험을 플라스틱, 기후변화, 생태계 문제 등 지구 환경과 관련된 문제를 해결하는 데 활용할 수 있을 것이다.

예를 들어, 기후변화 이슈는 이미 1단계 문제 제기, 2단계 심각성에 대한 공감대가 생겨있는 상태이다. 그런데 3단계인 대체/해결 기술이 완전하지 않은 상태이니 4단계인 국제협약을 통하여 과거로 돌아가자고, 1.5도를 목표로 탄소중립을 선언해도 설득력도 없고 실행이 쉬운 것이 아니다. 실행된다고 하여도 문제 해결에는 한계가 있다. 그렇게 생각하면 3단계인 과학기술자와 기업의 새로운 기술의 연구개발 촉진이 핵심 현안이다. 기존 기술을 약간 개선하는 수준으로는 문제를 해결하기 어렵다. 돌파구가 되는, 임팩트(impact) 있는 기술이 필요하다.

1.2 경제적 동기 부여가 기업을 바꾼다

환경 관련 과학기술자는 환경에 대한 기초와 기술을 연구한다. 관련 기업은 환경 보전을 위한 신기술을 연구 개발하여 그것을 기업의 성장과 연계시킨다. 기업이 개발한 기술은 개발 초기에는 완전하지 않고 시장 규모도 작아 시장 진입이 어렵다. 이럴 때 소비자가 한계를 감수하고 약간 비싸더라도 사주거나 정부가 인센티브를 준다면 시장 진입이 용이하고 그것은 지속적인 개발로 이어져 장기적으로 환경보전과 경제 성장에 기여할 것이다. 기후변화와 관련한 인센티브에는 어떠한 것들이 있는지 알아본다.

탄소배출권

기업별로 배출량을 할당하고 배출량을 맞추지 못하면 탄소배출권을 사들여야 하는 제도이다. 지금의 시장은 글로벌 탄소배출량의 1/10 규모로 2021년 세계 시장은 320조 원 정도이다. 배출권의 가격은 시장이 결정한다. 친환경 규제가 심해질수록 거래 규모는 커지고 탄소배출권 가격은 올라갈 것이다. 배출권 시장은 빠르게 증가할 것으로 예상된다. 어떤 기업은 탄소배출량을 줄여 배출권을 팔고 수익을 올리기도 한다. 대표적인 기업이 전기자동차를 생산하는 테슬러이다. 유럽연합은 2026년부터 탄소국경조정세(CBAM)[26]를 부과하겠다고 한다. 그러면 탄소배출권 시장은 더 커질 것이다.

새로운 세금

탄소세(Carbon tax) 도입에 대하여 논의가 진행중이다. 이산화탄소 배출을 줄여 기후변화에 대응하겠다는 취지이다. 가야 할 길에는 동의하나 발전, 에너지, 철강, 화학 등의 기업 등에 부담이 된다. 단기적으로는 연구개발과 시설에 투자해야 하는데 세금까지 내기에는 무

---

26 CBAM, Carbon Border Adjustment Mechanism, 탄소국경조정세

리가 된다. 어떻게 하는 것이 바람직할까. 세금 액수/비율을 점차 증가시켜서 기업이 부담을 덜 느끼면서 감당할 수 있게 해야 한다. 필요하면 정부가 지원해야 한다. 우리나라만 세금을 부과한다든가 외국보다 세금이 높다면 국제경쟁력이 떨어질 것이다. 외국과의 경쟁력을 고려하되 우리나라 기업의 선도적 역할을 강조하여 장기적으로 경쟁력을 높이는 지혜가 필요하다. 그리고 세금은 탄소포집과 전환기술의 개발과 실용화에 투자하여 기업의 경쟁력 강화, 국가의 탄소중립 목표를 달성할 수 있도록 해야 한다. 여기에 정부 공무원의 능력과 지혜가 필요하다.

펀드

저탄소기업에 투자하는 추세이다. 저탄소기업에 투자하는 펀드도 있다. 2015년 미국 뉴욕 증시에 상장한 ETHO 펀드는 운용자산이 1억6000만 달러(1800억여 원)로 탄소배출량이 적은 기업에 투자하는데 수익률이 높은 것으로 알려졌다. 또 신재생에너지기업에 투자하는 펀드도 많다. 역시 수익률이 높다. 탄소배출권 가격이 올라가면 수익률이 더 높아질 것으로 예상된다.

한국국제협력단(코이카KOICA)도 녹색기후기금(Green Climate Fund)과 협력하여 재원을 유치하였다. 이것으로 개도국의 에너지, 생활용수, 보건, 저탄소농업 도입을 지원하고 있다.

기후변화 외에도 플라스틱, 생태계와 관련하여 유사한 인센티브를 생각할 수 있고 일부는 현재 시행되고 있다.

플라스틱과 관련하여 친환경플라스틱 우선 구매, 필요한 경우 생분해성플라스틱 사용, 바이오플라스틱 연구개발 지원 등이 있으나 아직 초기 단계로 플라스틱 문제 해결에는 미미한 수준이다. 보다 적극적이고 과감한 지원과 정책이 효과를 발휘할 것이다.

미국은 바이오프리퍼드 프로그램(Biopreferred Program)으로 연방정부가 바이오매스 기반의 제품을 우선 구매하는 정책을 시행하고 있고, 이를 뒷받침하기 위하여 바이오인증제를 도입하고 있다. 일본은 2035년 폐플라스틱 재활용 100%를 목표로 하고 있다.

바이오화학 산업은 2028년 세계 시장 규모가 5600억 달러로 2020년 반도체 세계 시장 규모와 비슷하게 크다. 바이오화학 산업은 이산화탄소 문제, 플라스틱 문제를 극복하고 경제 발전과 연계할 수 있는 기회로 판단하고 정책을 수립하여 지원하고 있다.

생태계 관련한 인센티브는 어떨까. '생산과 책임'이라는 논리, 재활용촉진제도 등으로 폐기물을 줄이거나 처리하게끔 하는 규제가 있다. 환경에 대한 관심이 높아질수록 규제는 더 강화될 것이다.

1.3 ESG 경영이 대세이다

최근 세계적인 기업들은 ESG[27], RE100[28] 등 친환경 경영에 나섰다. ESG는 기업의 친환경적, 사회적 책임을 다한다는 경영 방침을 나타내는 화두가 되었다. 환경 보전 효과는 물론 개도국의 경쟁 기업을 견제할 수 있다는 효과도 있다. 친환경을 내세우고 실천하여야 소비자

---

27   ESG : Environment, Social, Governance 환경, 사회, 지배구조를 나타낸다.
28   RE100(Renewable Energy 100%) 100% 재생에너지를 사용하겠다는 용어.

로부터 외면당하지 않는다.

　RE100은 비영리단체 '더 클라이밋 그룹(The Climate Group)'이 2014년 뉴욕 기후주간 행사에서 소개한 뒤 애플, 구글, 마이크로 소프트, GM, 이케아 등 가입 기업 수가 늘었다. 아마존은 2040까지 탄소배출량을 제로로, GM은 2040까지 탄소중립화, IBM은 2030까지 사용에너지의 90%를 낮추고, 마이크로소프트는 2030까지 탄소배출량을 0으로 하겠다고 했다. RE100에 가입해야 친환경이라는 기업의 이미지를 유지하는 것이 가능하다. 초기에 대기업 몇 곳을 가입하게 한 데는 더 클라이밋 그룹의 역할이 컸다.
　우리나라 기업도 앞다투어 ESG 경영, RE100을 내세우고 있다. 그 중의 하나로 몇몇 기업은 생분해성플라스틱을 신사업으로 정하고 제품 생산 계획을 발표하였다. 단기적으로는 친환경기업이라는 기업의

멀칭 필름

이미지 홍보에 도움이 된다. 그리고 생분해성플라스틱이 소개된 지 시간이 많이 흘렀으므로 이제는 생산 단가를 낮출 수 있는 기술이 있다. 친환경적인 방법으로 생산하면 이산화탄소 배출도 줄일 수 있다. 탄소세 관련 인센티브로 경쟁력에 도움이 된다.

얼마 전까지만 해도 기업들은 기업의 사회적책임(CSR, Corporate Social Responsibility)을 강조하였다. 사회적책임을 다하는 것의 하나가 봉사활동이므로 CSR 부서를 만들고 사회 공헌 활동을 하였다. 기업의 본질적인 경영을 통한 사회적책임이라기보다는 봉사활동을 통한 책임이라는 인상을 많이 주었다. 그러다 보니 사회에서 환영을 크게 받지 못했다. 이제 ESG라는 용어가 화두가 되었다. 친환경적이고, 사회적책임도 다하고 지배구조까지 사회 친화적으로 바꾸겠다는 것이다. 평소 소비자로부터의 비판을 수용한 용어이다.

얼마나 친환경적인 제품을 생산하고 판매할 것인가로부터 시작된다. 사회적책임은 노사관계, 소비자 관계 등을 포함한다. 지배구조는 어느 특정 주주의 기업이 아닌 민주적인 방식의 경영구조를 강조하고 있어 우리나라 기업들이 ESG 경영을 제대로 하기는 쉽지 않을 듯하다.

일부 기업은 친환경인 척하는 소위 '그린 워싱green washing'이라는 녹색 위장술로 소비자에게 다가가지만 소비자는 현명한데다가 감시하는 환경단체도 있어 진지하게 환경관련 활동을 하여야 한다. 기업이 ESG를 내세우지만 하루아침에 모든 것을 변화시킬 것이라는 기대보다는 그러한 방향으로 변화시키겠다는 기업의 의지를 신뢰하고 기다려줄 필요도 있다. 그렇지만 기업은 하나씩 과감하게 변화 발전하는 것이 필요하다. 이슈는 과연 단시간에 기업이 그렇게 바뀔 것인가이다. 친환경은 대세이니 그리 갈 것이다. 지배구조의 변화, 사회적책임을 어디까지 할 수 있을까.

2 정책과 규제가 바뀐다

정부의 환경정책은 환경보전과 경제발전이 목표이다. 두 목표는 상반되는 것이 아니다. 두 마리 토끼를 잡을 수 있는 정책이다. 정책이 할 수 있는 것은 어디까지인지, 좋은 정책이란 무엇인지, 정책과 규제의 한계에 대하여 살펴본다.

2.1 온산공단의 기억

40여 년 전 저자는 온산공단에 있는 화학회사에서 근무했다. 온산공단은 정부가 비철금속 산업을 육성하기 위해 조성되었고 쌍용정유, 고려아연, 풍산금속, 효성알미늄 등의 공장이 가동되고 있었다. 1980년경은 공단 초창기로 저자는 그곳에서 2년 정도 생산과장으로 근무하였다. 온산공단은 바다가 가까워 가끔 바닷가에 가서 식사도 하곤 했다. 그런데 언젠가부터 바닷가 주민들이 공단으로 몰려와 데모를 하기 시작하였다. 바다에서 수산물 양식이 잘 안 되고 물고기 어획량이 줄었다고 했다. 공단에서 내보내는 폐수의 pH를 측정하니 산성이고 그것은 공단의 잘못이니 피해 보상을 하고 폐수 처리를 잘하라는 것이었다. 주민 중에 폐수의 pH를 측정할 수 있는 이가 있어서 근거 있는 주장을 펼칠 수 있었던 것이다. 그러나 더 깊이있는 내용에 대한 문제 인식은 없었다. 어쨌든 바다로 폐수가 흘러들어가면서 생긴 문제이다. 그런데 공단 내의 회사들은 다 같이 우리는 환경규제법을 잘 따르고 있고 규제치 이하로 방류하니 법적인 문제는 없다는 것이다. 일부 규제를 벗어나는 경우도 있었겠지만 단속에 걸린 경우가 없으니 그런 논리가 생긴 것이다. 그러면 개별 기업은 잘못이 없는데 전체적으로 폐수가 많이 배출되니 문제라는 것이다. 바닷가 마을은 문제가 계속되니 정부에서는 그 마을을 이주시켰다. 고향을 떠나게 했다. 그리고 그 자리에 종말처리장을 건설하였다. 한번 더 처리하여 방류하겠다는 것이다.

듀폰 공장 방문

1980년대 말, 저자가 공대 교수로 재직하던 때였다. 공장에 근무할 때 환경문제로 주민들이 피해를 보는 것을 보고 환경 이슈에 관심이 있었다. 그래서 '환경과공해연구회'라는 환경단체에 가입하여 활동하고 있을 때였다. 열혈 환경운동가는 못 되었고 공대 교수로서 전문성을 가지고 조언을 하는 정도의 활동을 했다. 그때 듀폰이 우리나라에 화학공장 건설 계획서를 제출했는데 여기저기서 문제가 많을 것이라는 우려의 목소리가 나왔다. 그래서 듀폰에서는 환경 전문가 몇 명을 미국에 초청하였고 나도 동행했다. 듀폰이 환경에 얼마나 신경 쓰고 잘하고 있다는걸 보여주려는 홍보 목적이 컸다고 생각된다. 미국에 도착하여 관계자와 이야기도 하고 연구소도 둘러보았고 특히 서부에 있는 화학공장을 방문하였다. 화학공장 한쪽에 활성탄 흡착

장치가 있었다. 활성탄 흡착방법은 물속 미량의 유해물질을 흡착시키는 방법으로 비용이 많이 들어 물 처리의 마지막 수단으로 사용하는 것이 일반적이다. 그런데 그 방법을 사용하고 있고 유해물질이 흡착된 활성탄을 재생하기 위한 장치까지 갖추고 있어서 놀라울 뿐이었다.

그러한 시설을 갖춘 배경에 대하여 물어보았다. 오래전에 그 지역의 지하수가 오염되었는데 그 원인은 듀폰이 지하수를 오염시킨 것으로 밝혀졌다고 했다. 그래서 정부에서는 지역의 지하수를 퍼올려 활성탄에 오염물질을 흡착시킨 다음 방류하게 하여 지하수를 깨끗하게 했다는 것이다. 언제까지 그 비싼 방법을 사용해야 하는지는 모르겠다고 했다.

그러면서 총량규제에 대한 이야기를 들었다. 그 지역의 지하수 또는 생태계가 감당할 수 있는 오염 수준을 정하고 그 수준이 초과하지 않도록 관리하는 제도를 시행하고 있었다. 특정오염이 규제 수준 이하이면 신규공장 건설을 허가한다. 초과하면 신규공장 건설은 불가하다. 신규공장 건설을 희망하면 타 회사가 오염 수준을 저감시킨 데서 생기는 크레딧을 구매하여 건설할 수 있다. 오염에 대한 총량을 규제하여 환경 피해가 심해지지 않도록 하겠다는 취지의 제도이다. 지금은 우리나라도 총량규제를 하고 있다.

2.2 정부의 정책이 강화된다

환경정책 담당자는 국가의 환경 관련 연구개발 예산을 다루고 기업의 환경보전 이슈를 다룬다. 환경을 보호할 수 있는 규제와 환경 산업 발전을 촉진시킬 수 있는 행정 능력이 있다.

환경을 너무 엄격하게 규제하면 기업들이 좇아올 수 없고 너무 느슨하게 규제하면 환경문제가 심각하게 된다. 어느 정도로 규제하여야 기업도 대응하고 환경도 보전할 수 있는지 적정선을 찾는 것이 쉽지 않다. 환경규제는 현재도 중요하지만 미래의 어느 시점 예를 들면 향후 5년 후나 10년 후의 가이드라인을 제시하고 기업이 그 가이드라인을 지킬 수 있도록 해야 한다. 미래의 가이드라인은 기업의 기술개발의 동기가 된다. 어떤 경우이든 기업은 힘들다고 하겠지만, 너무 엄격하면 비현실적이 된다. 그러나 기후변화에서와 같이 힘들어도 해야 되는 경우도 있는데 이런 경우에는 정책을 지지하는 많은 지원군이 필요하다.

정부의 환경에 대한 관심의 시작은 규제와 지원이다.

관련 산업의 지원은 주로 연구개발과 실용화 지원을 통해 이루어진다. 연구개발비의 지원과 실용화 지원이 효과적인지 생각해야 한다. 효과가 있으려면 과감히 지원해야 한다.

UN 등에서 기금을 만들어 지원하기도 한다. 우리나라도 녹색기후기금 등으로 기술개발 등을 지원한다.

연구개발을 직접 지원하는 외에도 생활 실천, 교육 등을 지원하는 리더십이 필요하다. 그래서 생활을 통하여 새로운 환경보전 문화가 정착되고 우수 인재가 연구에 많이 참여하도록 이끌어야 한다. 환경은 비용이 아니라 투자라는 생각으로 실효성 있게 하여야 한다.

정부의 환경부처는 엄격한 규제를 통하여 환경을 보전하겠다는 입장이 있고 산업부처는 산업이 발전해야 국가 경제발전에 도움이 되므로 환경규제더라도 너무 과하게 하면 안 된다고 하는 입장이 있어 양쪽 부처 사이에는 늘 논쟁이 있게 된다. 최근에는 환경 관련 산업을 통해서도 경제발전이 된다고 하는 인식이 커져 환경산업을 주도하려는 정부 부처의 경쟁도 있다.

환경 관련 공무원이 산업발전을 주도하는 관료와 무엇이 중요한지에 대하여 논쟁을 하고 있는지 아니면 같이 환경보전과 경제발전을 꾀할 수 있는 정책의 개발에 대하여 협력을 하고 있는지 살펴보아야 한다.

외국에서도 환경 관련 연구가 많이 진행되고 있고 따라서 우리나라 정부도 환경 관련 연구개발에 예산을 투입하여 지원하고 있다.

예를 들면, 생분해성플라스틱 기술, 온실가스 포집과 저장기술, 핵융합 연구, 바이오화학 연구 등이다. 선진국이 하는 연구는 우리도 한다. 연구비를 지원하면 1차적인 정부의 책임을 다한 것으로 생각된다. 그러나 연구는 실용화를 염두에 두고 하는 것이라면 정부는 어디까지 관심을 가져야 하는지 이런 관점에서 생각하면 정부의 역할을 더 기대하게 된다.

환경기술을 경제성 있게 하려면 정부에서 할 수 있는 것은 무엇일까. 한마디로 인센티브 정책이다. 여기에는 다양한 방법이 있다. 실용화와 관련있는 연구개발비를 지원하는 것, 특히 시제품 생산 실증 공장(pilot plant) 건설은 투자가 매우 크게 이루어져야 하는데 정부가

지원한다면 기업으로서는 리스크가 분산되므로 환영한다. 환경에 문제가 되는 제품에 환경세를 부과하는 것도 한 방법이다. 대표적인 예로 휘발유 값이다. 과거에 휘발유 자동차를 타는 이들은 부유하므로 휘발유에 세금을 별도로 부과하였다. 휘발유 생산 가격에 100% 세금을 부과하고 다시 이것을 합한 금액의 10%를 부가세로 징수한다. 이렇게 함으로써 휘발유 소비를 줄이고 거둔 세금으로 친환경사업에 사용하겠다고 하는 취지로 만든 것이다. 그러나 시간이 지나니 휘발유 가격 때문에 휘발유를 덜 쓴다는 이야기는 들리지 않는다. 가끔 원유가격이 너무 상승하면 약간의 세금을 줄여주는 정도이다. 그래도 초기에는 효과가 있다고 생각하면 시멘트, 철강, 플라스틱제품 등에 높은 환경세를 부과하여야 한다. 수입되는 제품에도 같이 부과하여 환경세로 인하여 국내산 제품의 경쟁력이 떨어지지 않게 배려하여야 한다. 친환경제품을 정부 등에서 우선 구매하도록 하는 것도 한 예이다.

외국의 공무원들도 정책을 수립하고 시행하는 데 적극적이다. 외국에서도 우리나라와 마찬가지로 우수한 인력을 공무원으로 선발하고 있기에 그들과의 경쟁도 생각하여야 한다. 그들이 만드는 정책보다 더 우수해야 하고 한걸음 더 빨라야 하는 것이다. 그래야 무한 경쟁의 세계에서 뒤처지지 않고 발전할 수 있다. 그런데 지금까지는 외국에서 시행하지 않은 정책 등은 받아들이기가 쉽지 않았다. 많은 경우 선진국의 사례를 보고 싶어하였다. 위험 부담(risk taking)을 줄이려고 하는 취지는 이해가 가지만 외국의 뒤를 좇는 것으로는 한계가 있다. 이런 경우 위험 부담을 줄여주는 인사와 행정제도가 같이 뒷받침되어야 한다. 최근 반도체 등 첨단산업 분야에서는 세계 최초, 최고의 기술이 필요하므로 정부의 생각이 바뀌고 있음이 느껴지지만 환경 관련 분야는 아직 뒤처지고 있다.

 환경을 보전하며 경제를 발전시킨다는 두 목표를 슬기롭게 달성할 수 있는 정책을 제시하고 집행하는 것이 정부의 역할이다. 그래서 나라마다 우수한 인재를 공무원으로 채용하고 계속하여 교육을 하는 이유일 것이다.
 그런데도 가끔은 권력에 휘둘린다는 느낌을 받는다. 국가와 국민을 위한다는 사명을 잠시 잊어버리고 권력의 요구에 따라서 비합리적으로 움직이는 듯하다. 표현을 어떻게 하든 모두 비슷하게 느낄 것이다. 어떻게 바로잡을 수 있을까. 저자는 공무원교육원에 근무한 적이 있다. 교육은 합리적인 시스템에서 작동하는 방식이다. 비합리적인 것이 있다면 국민의 힘으로 바로잡을 수 있다. 그런데 시간이 많이 걸린다. 그래서 앞으로 일어날 주요 이슈들을 평소에 예측하고 모범답안을 만든다. 그리고 공청회 등을 거쳐 공론화하여 공감대를 형성하여야 한다. 일단 어떤 이슈에 대하여 공감대가 형성되면 비합리적으로 변질되는 경우가 적어질 것이다. 미리미리 준비하는 지혜가 필요하다.
 공무원에 대하여 아쉽게 생각하는 것의 하나가 전문성이 약하다는 것이다. 순환보직이라는 이름으로 부서를 순환하며 근무한다. 그래야 부처 전체에서 일어나는 일을 잘 파악할 수 있고 나중에 높은 자리에 있을 때 역할을 잘 할 수 있다는 논리이다. 그러다보니 과장은 대략 한 부서에 1년 정도 근무한다. 행정적으로 일을 처리하는 것이지 전체를 생각하며 업무를 하기에는 역부족이다. 순환의 범위를 좁히는 것이 답일 것이다. 기업에서도 기술과 생산, 생산과 기획, 영업과 기획 등으로 관련 있는 부서를 순환하며 근무하다가 승진하면 전체를 관할하는 것이다.

새로운 기술을 접목하거나 새로운 제도를 도입하는 경우 잘 못 될 수 있는데 그러면 책임 문제가 나온다. 그래서 새로운 것을 기피하려고 한다. 전문성이 있고 3년 정도는 근무할 수 있어야 새로운 기술을 소개할 수 있고 새로운 방식을 정착시킬 수 있는 것이다. 다른 접근 방법으로 전문직을 별도로 채용하여 근무하게 하는 제도가 있는데, 부분적으로 개선된 정도로 생각된다.

환경 정책의 아이러니

환경 관련한 이슈는 많이 있다. 그중에서 환경을 강조하면 경제발전에 저해가 된다는 2분법적 논리 외에도 다양한 이슈가 있다.

이슈의 예는 옥수수의 두 얼굴이다. 미국의 경우 옥수수는 식량자원이면서 에너지(바이오에탄올) 원료로 사용된다. 식량과 사료로 판매하고 남는 잉여 옥수수의 부가가치를 높이려고 바이오에탄올을 생산하도록 한 것이다. 중국에서는 식량으로 사용하는 옥수수로부터 에너지를 생산하는 것은 바람직하지 않다고 판단하여 옥수수는 식량이나 사료로 용도를 제한하고 있다. 누구를 비난할 수 없는 것이 현실이다. 미국과 중국 정책의 배경에 대하여 생각하자.

야자나무와 10kg 가량의 열매

　최근 인도네시아, 말레이시아의 주요 연구 과제 중의 하나는 야자나무 껍질(palm tree bark)을 처리하는 것이다. 야자나무 농장마다 껍질이 산처럼 쌓여 있어 처리가 골치 아픈 것이다. 연료로 사용할 수 있지만 그러기에는 아까워 다른 활용 방법을 연구하고 있는 것이다. 야자나무 농장은 계속 늘어가고 있다. 왜냐하면 EU 등에서 야자유(palm oil)를 수입하고 있는데 그 수입량을 계속 증가시키고 있어서 그러한 특수에 맞추어 열대우림의 나무를 베어내고 야자나무를 심는다[29]. 야자열매에서 얻어지는 야자유를 원료로 하여 디젤유를 만드는데, 석유로부터 만드는 디젤과 차별화하기 위하여 바이오디젤이라고 부른다.

　EU는 오래전부터 환경을 생각하는 동시에 농민도 생각하여 현명한 정책을 펴고 있다. 석유로부터 만들어지는 디젤은 연소하면 이산화탄소가 발생하고 이것은 지구온난화의 주범이므로 이를 줄이는 것

29　화전농법(slash and burn agiriculture)을 사용하여 문제이다. 인도네시아 정부에서는 친환경 야자수 인증제도를 운영하는데 실효성이 없고 IPQ라는 단체를 설립하여 화전농업을 제재하려고 하였으나 2년 만에 해체되었다.

이 중요한 이슈라고 생각하였다. 여기에 비하여 바이오디젤도 연소하면 이산화탄소가 발생하지만 야자유를 얻는 야자나무는 성장과정에서 이산화탄소를 흡수하므로 크게 보면 이산화탄소 배출은 별로 없는 것이다. 동시에 EU는 유채꽃을 재배하는 농민들에게 환경보전이라는 명분으로 보조금을 지급하고 있다. 유채 기름에서도 바이오디젤을 만들 수 있기 때문이다. 그래서 디젤자동차는 바이오디젤을 일정비율 사용하도록 그리고 그 비율을 점차 늘리도록 규제하고 있어 바이오디젤 시장은 계속 성장하고 있다. 이것만 생각하면 바이오디젤은 친환경 연료로서 환경보전에 중요한 역할을 하고 있다고 생각할 수 있다. 우리나라도 디젤에 일정량의 바이오디젤을 첨가하여 사용하고 있다.

그런데 현실은 이러한 야자유를 더 많이 얻기 위하여 열대우림의 나무들을 베어내거나 아예 열대우림을 불태워버리고 여기에 야자나무를 심고 있다는 것이다. 열대우림은 그 자체로 공기 중의 이산화탄소를 흡수하는 것으로 환경보전에 중요한 역할을 담당하고 있는데 정부와 농민은 야자유 생산으로 생기는 이익을 생각하여 그렇게 하고 있는 것이다. 열대우림을 훼손하는 것은 환경보전에서 멀어지는 것이라는 데에는 이견이 없다.

이것이 바이오디젤의 아이러니이다. 환경보전이 명분인데 열대우림을 훼손하면서 야자유를 생산하여야 하는지, 열대우림을 손상시키지 않고 야자나무를 재배할 방법은 없는지, 디젤자동차 대신 친환경 자동차를 만들 수 없는지? 이런 다양한 경우를 고려하여 환경을 보전하면서 바이오디젤을 생산하도록 하는 지혜가 필요하다.

2.3 예산 배정이 현실적인 이슈이다

환경보전이 중요한 이슈이다. 탄소중립을 실현하여 국제무대에서 인정도 받고 국가의 경제발전에도 기여하도록 해야 한다. 그러려면 예산을 배정해야 한다. 연구개발, 교육, 실증화사업 등. 환경 관련 예산이 무제한 있다면 무제한 투자해도 좋지만 현실은 제약이 많다. 복지, 교육, 국방, 경제발전 등에도 예산이 필요하다. 예산을 필요로 하는 곳이 많이 있다. 어떤 원칙으로 예산을 배정하는 것이 좋은가. 모든 것이 똑같이 중요하다면 무슨 명분으로 환경보전에 충분한 예산을 확보할 수 있을까.

힘에 의하여 예산을 배정하는 것이 아니라 국가와 국민을 위한다는 명제로 예산을 배정해야 한다. 지금은 막대한 예산을 필요로 하는 사업은 사전에 타당성 조사를 꼼꼼히 하여 세금이 낭비되지 않고 적재적소에 사용될 수 있도록 하는 방식으로 예산을 배정한다. 이 과정에서 환경 관련 예산은 잘 못 생각하면 지출해야 하는 비용으로 생각되어 무시되는 경우가 있을지 모른다. 돈으로 환산하기 어려운 국민의 건강과 세계적인 리더십은 정책적으로 판단해야 하는데 이것을 경제성과 연결시킬 수 있는 지혜가 필요하다. 환경 관련 산업과 비즈니스가 먹거리와 일자리로 연결되도록 하는 정책을 제시하는 것이 필요하다.

3 환경단체가 강해진다

환경단체는 고마운 존재이다. 금전적인 부를 추구하지 않으면서 지구 환경보전을 위해서 헌신하는 이들이 있다. 어떤 역할을 하고 있는지, 잘하고 있는지, 아쉬운 점은 무엇인지 살펴본다.

3.1 환경단체에 가입하다

1980년대 초, 미국에서 대학원 다닐 때 온산공단 주위 마을을 집단 이주시켰다는 이야기를 들었다. 내가 근무했던 온산공단과 관련된 일이다. 온산공단에서 방류하는 폐수로 인해 공단 주위의 바다에서 어업으로 생계를 유지하던 마을이 더이상 어업을 할 수 없어 정부에서 마을을 집단 이주시키고 마을이 있던 자리에 종말처리장을 건설하였다는 것이다. 산업의 발전이 바닷가 주민들에게 오랫동안 살아온 생활터전 그리고 고향을 떠나게 했구나 하는 생각을 하니 마음이 아프고 무엇인가 잘못되었다는 생각이 들었다.

교수가 된 이후 동료 교수의 권유로 '환경과공해연구회'에 가입하였다. 오래전 기업의 생산과장으로서 공장에 근무하면서 본 마을 주민의 아픔을 기억하며 무엇인가 도움이 되는 일을 하고 싶었는데 동료 교수와 이야기하다 보니 그러한 일을 하는 교수들이 있다는 것이다.

오래전에 환경을 아끼는 이들이 환경단체를 조직하여 활동하였다. 우리나라에서는 대표적인 단체가 환경운동연합이다. 70년대 환경문제는 경제발전 정책에 밀려 크게 관심 밖이었다. 경제성장이 최우선 정책이다 보니 환경보전에 크게 힘쓰지 않았다. 그 당시 공해방지와 환경보전을 외치는 것은 독재에 대한 항거의 한 수단이기도 했다. 학생 시절 운동권이었던 이들 중 일부는 환경운동에 참여하였다. 물론 지식인으로서의 책임감을 가진 이들도 환경운동에 직간접으로 참여하였다.

저자는 '환경과공해연구회'에 가입한 후 몇몇 관련되는 활동에 참여하였다. 환경학교를 개설하여 학생과 시민을 교육하는 일, 환경과 관련된 분쟁이 일어나면 조사하는 일, 환경에 관련된 내용과 현황을 알리기 위한 뉴스레터의 제작과 배포 등의 일을 했다. 그중에서 기억되는 사례, 생각할 이슈를 소개한다.

오래전 군산 외곽의 산업단지에 화학공장이 건설되고 있었다. 공장 건설 과정에서 지역 주민이 데모를 하였다. 공장의 생산과정에서 나오는 중간생성물이 유독하니 공장 건설에 반대한 것이었다. 공장 측에서는 출연연구소에 근무하는 최고의 화학자를 초청하여 강연하였다. 일본의 경우 공장이 시내 중심에 있을 정도로 공장은 안전하다는 것이 주요 내용이었다. 주민들은 환경운동을 하는 교수를 초청하였다. 그 교수는 공장은 잘못될 수 있으며 군산 시민의 심각한 피해도 예상된다고 했다. 서로 정반대의 입장이었다. 지금도 기업을 대변하는 입장과 환경 운동가의 입장은 서로 다른 경우가 많다. 그러자 군산의 종교지도자들이 생명을 지켜야 한다며 데모에 가세하였다. 그 당시 시의회가 발족하면서 전문적이고 용기있는 이들에게 용역을 부탁하기로 하였는데 결국 저자가 책임자가 되어 조사를 하였다. 사고는 발생할 수 있으며 2km 떨어져 있는 마을에 피해가 있을 수 있다는 결론을 내렸다. 공장에서는 다른 교수들에게 의뢰하였는데 사고가 나지 않는다는 보고서를 내놓았다. 두 그룹은 사고의 가능성과 피해 정도를 두고 논쟁을 벌였다. 그러던 중 한 달이 지나 사고가 났고 정확히 2km 떨어진 마을에 검고 끈끈한 액체가 떨어진 것이다. 우리가 옳았다. 그래서 회사는 가동을 중단하고 우리와 협의를 해나갔다. 사고를 줄이고 피해를 줄일 수 있는 방향의 투자를 하기로 하고 공장을 가동하게 하였다. 화학산업의 발전도 중요했던 것이다. 단, 환경을 보전하면서.

오래전에 논밭이던 지역에 공장을 지어 가동하던 기업이 있었다. 시간이 지나니 그곳에 아파트가 들어서고 점점 주민 수가 불어나면서 공장에 대한 민원이 생기기 시작하였다. 발효공장이다 보니 간장 담그는 냄새가 나는데 시간이 가면서 주민들이 그 냄새를 두고 불평하였다. 그러다가 공장에서 다른 사고가 생기면서 냄새가 중요 이슈로 부각되었다. 조사팀에 참여하여 냄새를 줄이기 위한 몇 대안을 제시하였지만, 아직 이런 경우 정답이 무엇일까 궁금하다. 냄새를 제로로 만들기는 쉽지 않다. 공장을 이전하는 방법 외에 어떤 방법이 있을까. 공장 주위를 주거지역으로 용도 변경을 해주어 아파트가 들어서는 것을 막아야 하는가. 냄새방지 시설을 완벽하게 하도록 하고 비용을 정부가 지원해야 하는가. 이 사례는 미생물을 배양하는 발효공장에서 발생하는 대표적인 민원 예지만 전국적으로 이런 민원은 여전히 존재한다.

3.2 환경단체의 역할이 강화된다

환경단체(NGO), 지식인 등의 역할의 시작은 지구환경에 대한 문제 제기이다. 외국의 Green Peace, Worldwatch Institute 가 대표적인 환경단체이고 우리나라에는 환경(운동)연합, 환경과공해연구회 등이 있다.

일반적으로 환경단체가 환경보전에 어느 정도 기여하는가. 잘 알려지지 않은 환경문제를 수면으로 올려 공론화시킨다. 환경문제에 대한 시민의 의식을 제고시키고 관심을 불러일으킨다. 우리가 생활에서 해야 할 일들을 알려준다. 환경문제에 대한 기술적 대안을 제시한다. 환경문제에 대한 정책 대안을 제시하고 정책을 수립하는 데 참여한다.

이런 일을 하는 데는 예산이 필요하다. 재원을 마련하기 위하여 기금을 모금(fund raising)한다. 환경단체에 참여하는 이들은 적은 봉급을 받는다. 무보수로 일하는 이도 많다. 그래도 보람있는 일이기에 보수에 관계 없이 많은 이들이 참여한다. 이러한 환경단체가 있어 여러 가지 좋은 영향을 미치고 있다. 의미가 있다.

예를 들면, 원자력발전의 위험성을 알려서 더 안전한 발전을 하도록 한 것, 사료에 항생제를 첨가하지 않도록 주장한 것, 시민과 소비자를 의식하는 기업이 되도록 기업에 영향을 준 점 등이다.

그러나 이들이 할 수 있는 일에는 한계가 있다.
대부분의 환경단체는 영세하고 규모가 작다. 세계적으로 몇 환경단체가 그나마 제대로 역할을 하는 듯하다. 많은 경우 전문인력의 부족, 쓸만한 정책 대안을 수립하는 것이 용이치 않다. 그러다 보니 환경단체는 아우성만 치는 단체로 또는 지역모임 등으로 인식되는 경우도 많은 듯하다.

바람직한, 이상적인 환경단체의 운동은 어떤 것일까. 환경단체의 활동은 임팩트가 있는지, 시민들의 참여 비율이 올라가서 생활 속에서의 환경보전이 실효를 거두고 있는지, 아니면 시범사업 정도인지, 전문성 있는 정책 대안을 제시하고 있는지, 정부, 기업, 국제기구에 대한 영향력은 어느 정도인지, 이런 일을 할 수 있는 전문가가 있고 재정이 확보되어 있는가 생각해야 한다. 많은 경우 재정적으로 한계가 있고, 그래서 문제의 심각성과 중요성에 대하여 목소리를 내는 정도이고 그러니 사업도 시범적일 수밖에 없다. 그러나 앞으로도 그래야 하는가 생각한다.

규모가 작으면 작은 이슈 하나라도 제대로 파악하여 목소리를 내는 것이 바람직하다. 그리고 관련 단체들과 연계하여 협력해야 의미가 있을 것이다. 실효성 있는 캠페인과 활동에 나서야 의미가 있다.

환경운동이 현재의 수준과 한계를 넘어 실질적으로 큰 효과를 내려면 규모와 힘을 키워야 한다. 예를 들면, 세계환경연합 NGO를 만들면 좋다. 기금은 기부금 이외에 UN 예산이나 환경세의 일부를 재원으로 하면 좋겠다. 그럴 수 있을까. 정부 보조금을 받으면 현실적으로 정부의 역할에 대하여 입을 다무는 경우가 많다고 하니 정부 보조금은 받지 않는 것이 좋을 것이다.

그린피스가 2015년 마드리드에서 환경변화 중지를 외치는 행진, 2002년부터 그린피스가 보유한 선박

우리가 환경단체에 가입하여 지원하든가 활동한다면 또는 환경단체를 조직한다면 어떻게 하는 것이 좋은지 생각하자.

#소개 : 환경 단체들 (예시)

환경운동연합

몇 환경단체가 하나로 통합하여 1993년 환경운동연합을 창립한 이후 많은 활동을 하였다. 예를 들면, 대만 핵폐기물의 북한 수출 저지, 새만금 갯벌 살리기 운동, 서해 기름 제거 시민구조단 활동, AI 발생지역 철새먹이 나누기 등이다. 핵/에너지/기후변화, 물/하천, 국토/습지/해양, 생명안전, 환경정책 등의 분야에서 활동하고 있다. 최근에는 환경연합으로 명칭을 바꾸었다.

그린피스(Green Peace)

1971년에 태어난 국제적인 환경단체이다. 기후변화로 인한 각종 환경문제를 해결하기 위한 실용적이고 달성 가능한 해결책을 찾는 것을 미션으로 하고 있다. 구체적으로는 바다, 숲 및 모든 환경에서 야생동물을 보호하고, 미래를 위해 재생가능한 에너지를 널리 알리고, 지속가능한 농업을 지지하고, 유해 독성 물질로부터 자유로운 미래를 조성하기 위해 노력한다. 환경의 위험을 시위를 통해 알리는 것으로 인식된 면이 있다.

Worldwatch Institute

환경과 관련된 연구를 강조하며 1974년에 설립된 기관으로 본부는 미국 워싱톤 디씨에 있다. 주로 연구와 출판 활동을 주로 한다.

The Climate Reality Project

2011년에 설립된 NGO이다. 기초는 미국의 엘 고어(Al Gore) 전 부통령이 2006년 설립한 기후변화 대응 단체이다.

WWF

WWF(WorldWide Fund for Nature) 세계자연기금으로 1961년 스위스에서 시작된 자연보전단체이다. 기후변화, 에너지, 생태계 보전 등을 위해 활동한다.

BBC 방송

영국의 BBC 방송은 다양한 프로그램을 제작하여 보급하고 있다. 특히 생태계, 환경 관련 프로그램도 많이 제작하고 있어 우리나라 방송국에서도 많이 방영하고 있다. 환경단체 이상의 역할을 하고 있다.

4 문제를 해결하는 국제협약

환경 보전을 위한 개인의 역할에도 한계가 있고 국가의 역할에도 한계가 있다. 이것을 넘어서기 위해서 UN 등 국제기구가 만들어져 활동하고 있다. 그러나 역시 국제기구도 한계가 있다. 어떤 한계가 있는지, 한계를 극복하기 위한 방안은 무엇인지 생각한다.

4.1 중국, 인도를 참여시켜야

중국과 인도의 인구를 합하면 25억 명 정도로 세계 인구의 1/3에 해당한다. 중요한 국가이다. 그런데 두 나라 모두 탄소 배출량에 있어서도 세계 1위, 3위의 국가이므로 탄소중립을 중국, 인도를 빼고 논의하는 것은 큰 의미가 없다. 아직 경제발전 정도가 선진국에 비하여 낮아 환경 보전에 소극적이다. 중국과 인도의 입장도 이해가 간다. 국제 사회의 일원으로서의 역할을 강조하는 것도 한계가 있을 것이다. 미국이나 유럽이 그 나라에서 수입하는 상품에 대하여 탄소국경세 등 세금을 부과하는 것도 한계가 있다. 현재로서는 미국, 유럽 등은 2050년이 탄소중립 목표이지만 중국과 인도는 2060년이 넘어야 가능할 듯하니 기후변화를 막는 것은 먼 미래의 일같이 느껴진다.

그럼에도 불구하고 탄소중립을 달성해야 한다. 어떻게 하여야 중국, 인도가 환경 보전에 적극적이 될 수 있을까 생각하자.

정보화로 세계의 기업 판도가 변화되었다. 마이크로소프트, 애플, 구글, 아마존, 삼성전자 등이 세계적인 기업이 되었고 국가의 발전에 크게 기여하고 있다. 이제 환경과 관련된 산업이 세상의 판도를 변화시킬 것이다. 전기자동차, 에너지 생산, 바이오 화학, 탄소 포집 및 변환 등에서 변화가 시작되었다. 이러한 변화를 수용하고 활용하면 국가의 경제 발전에 도움이 되고 그렇지 못하면 2등 국가로 전락한다. 중국은 미국이나 유럽에 비하여 아직 준비가 덜되어 2050년이 아니라 2060년 탄소 중립을 선언하였다. 2050은 무리일 수 있으나 2060에는 에너지 분야 산업의 주도권을 갖겠다는 것으로 해석된다. 인도도 마찬가지로 고민을 할 것이다. 국가의 발전과 환경 보전이라는 두 가지 이슈를 적절히 활용하는 것이 모든 나라들을 참여시키는 큰 원칙일 것이다.

이런 논의를 할 때 많은 경우 현재의 배출량을 언급한다. 중국의 배출량이 제일 많다. 그러나 누적배출량을 지표로 사용하면 이야기가 달라진다. 몇몇 유럽 국가들과 미국의 온실가스 배출량이 제일 많다. 기후변화는 유럽, 미국의 책임이 제일 크다. 이런 상황이니 중국이나 인도 그리고 개도국을 설득시켜 참여시키는 새로운 논리가 필요하다. 글로벌하게는 온실가스 배출을 제로 (net zero) 수준으로 해야 하지만 어느 시점까지 어느 국가가 어느 정도로 해야 하는지 의견이 다를 수 있는 것이다. 선진국은 누적된 배출량에 대해서 책임있게 대처해야 하며 개도국은 미래지향적으로 단기간에 탄소배출을 줄이는 활동에 동참해야 하는 것이다. 이것이 국제 협약에서 해결해야 하는 이슈이다.

국제기구는 움직이고 있다

최근 사이언스(Science)는 2022년에 주목해야 할 과학기술 전망을 발표하였다. 11개의 이슈 중 유엔의 환경오염 해결, 강화되는 생물다양성 협약, 중국 GM작물 허용 움직임, 궤도를 도는 메탄 사냥꾼, 말라리아 백신 아프리카 도착의 5개 이슈가 환경 관련한 것으로 환경에 대한 관심이 계속 필요하다고 한다. 네이쳐(Nature)가 발표한 이슈에 의하면 2022년 7개 이슈 중에서 기후 행동, 생물다양성 보존 추진 2개의 이슈가 직접적으로 환경 관련이고 코로나 19 지속, 백신 업그레이드 2개는 간접적으로 환경에 관련된 이슈로 환경과 보건이 중요함을 강조하고 있다.

이와 관련하여 유엔환경회의에서는 화학 오염 및 폐기물의 위험을 연구하기 위한 과학 자문기구를 창설하기 위한 투표를 한다.

생물다양성협약에서는 플라스틱 폐기물 배출을 줄이고 살충제 사용을 2/3로 줄이는 등 세계 오염을 절반으로 줄인다는 목표를 세웠다.

비영리 기후단체인 Environmental Defense Fund가 메탄과 이산화탄소 배출원을 감시하기 위해 개발한 위성  Methane SAT를 2022년 10월에 발사할 계획이라고 한다.

대표적인 국제기구는 UN이다. UN은 세계의 문제를 해결하기 위해 노력한다. 영향력이 제한적이지만 그래도 많은 예산과 자원을 투입하여 노력하고 있는 점은 높이 평가하여야 한다. 유엔 인권이사회는 2021년에 깨끗하고 지속 가능한 환경이 기본 인권이라고 결의하였다. WHO의 발표에 의하면 세계 사망자의 24%인 1370만 명이 대기오염을 비롯한 환경 문제로 목숨을 잃는다. 생태계 보호, 환경 보호 정책이 중요함을 언급한 것이다.

UN은 2000-2015년까지 MDG[30]에 따라 가난의 문제를 해결하려고 하였으나 한계가 있다고 판단하여 2016-2030년까지 SDGs[31]로 목표를 수정하였다. SDGs는 지속가능발전목표로 기후변화, 환경오염, 빈곤, 성차별, 교육격차, 기술, 주거 등의 문제를 해결하여야 함을 강조하고 있는 것이다.

4.2 국제기구의 특징을 이해한다

기후변화 국제협약 스토리에서 배운다
기후변화와 관련된 그동안의 경과를 살펴본다.
- 1988년 NASA 과학자가 기후변화 이슈를 제기하였다.
- 1992년 리우 데자이네이루에서 UN 기후변화협약 (UNCCC, UN Convention on Climate Change) 체결
- 1997년 교토의정서 협상, 선진국의 노력을 강조

---

30 MDG (Millennium Development Goals) 밀레니엄 개발 목표 UN이 2000년에 만장일치로 채택한 의제. 세계의 절대 빈곤을 절반으로 줄이기 위한 8대 목표.
31 SDGs (Sustainable Development Goals) 지속가능 개발을 목표로 한 2016년부터 2030년까지의 17개의 목표로 이루어 짐.

- 2015년 파리 협약, 교토의정서를 대체하는 국제협약으로 2015년 유엔기후변화협약 당사국 총회에서 채택
- IPCC (Intergovernmental Panel on Climate Change)에서는 장기저탄소발전전략 (LEDS)[32] 작성은 각 당사국에 권고하기로 함.
- 2019년 유럽을 중심으로 탄소중립 선언 시작, 2020년이 되니 어느 나라든지 누구든지 탄소중립을 외치고 있다.
- 2021년 영국 글래스고에서 개최된 COP26 (Conference of the Parties 26, 제26차 유엔기후변화 당사국총회 기후정상회의)에서 2050년 1.5도 상승 제한 목표를 중국, 인도 및 개도국들의 반대로 2000년대 중반으로 연기

　1988년 과학자에 의해 문제가 제기된 후 9년 후에 교토의정서가 체결되고 그리고 그 이후 18여 년이 지난 후 파리협약으로 각국의 역할이 확실해지기 시작하였다. 다시 5년이 지나서 본격적으로 온실가스 감축 움직임이 시작된 느낌이다. 문제가 제기된 후 30여년이 지나 본격적인 목표와 방향이 정해진 것은, 기대보다는 느리지만, 다행이다. 기술의 개발과 실용화 등을 고려하면 앞으로 20-30년이 더 지나 2040-2050년이 되어야 그 효과가 가시화되기 시작할 것으로 보인다. 그 때까지 1.5도 이상 올라가지는 않을까? 2050년은 현실적으로 무리가 있어 보인다. 2060년이 되더라도 기후변화가 정지되면 좋겠다.
　초기에는 선진국의 음모라는 소문이 돌았다. 선진국이 혜택을 보는 것은 있겠으나 지구 환경을 생각하였기에 대다수의 국가들이 참여한 것으로 생각된다.

32　LEDS : Long-term low greenhouse gas Emission Development Strategies

1990년경 기후변화 국제 협약 초창기에 내가 만난 우리나라의 공무원은 기후변화는 장기적인 이슈라고 생각한 듯하였다. 최근에야 발등의 불로 인식하고 움직이기 시작하였으니 현실적인 좋은 대안이 나오고 실행되려면 시간이 좀 걸릴 듯하다.

국제기구의 특징

여러 나라가 모인 국제기구에서 글로벌한 환경 이슈를 다룬다.

선진국은 기존의 산업을 유지하려고 주장하고, 개도국은 이제 산업 발전을 가속화하면서 국제기구에 의하여 간섭받거나 제한받는 상황을 싫어한다. 국제기구는 소위 North vs. South[33] 문제를 슬기롭게 해결하고 있는가? 미국 전 대통령 트럼프의 파리 조약 탈퇴는 상징적으로 선진국의 이기적인 행태를 보여주고 있다. 이제 미국도 제자리를 잡아 글로벌한 환경 문제를 리드하기 시작했다.

기후변화를 막는 것이 시급한 문제라고 하는데 2050년 또는 2060년을 목표로 탄소 중립을 이야기하는 것이 지구 온난화 방지와 이로 인한 지구 문제 해결에 실효가 있는가?

개도국이 환경보전과 개발이라는 두 이슈를 달성하기 위해서는 예산이 많이 소요되는데 이를 지원하기 위한 기금이 있는지, 나아가서 연구개발과 교육, 시민의 참여를 유도하기 위한 예산이 있으면 실효성이 있는 도움이 될 터인데 그러한 예산이 있는가?

---

33 지구의 북반구 North에는 부유한 국가들이 많고 남반구 South에는 가난한 나라가 많아서 생겨난 용어로 부유한 나라와 가난한 나라라고 하는 의미.

현재는 정부 대표가 회의에 참석하고 그 결과를 정부가 국민에게 알리고 필요하면 입법화하여 실행하는 형태이다. 그러다 보니 관련 당사자들이 불평하고 그러면 실행에 시간이 걸린다. 정부 대표 이외에도 기업 등 이해 관계자들, 환경단체 대표 등이 참여하여 결론을 도출하여 모두가 승복할 수 있도록 그래서 빨리 시행되도록 하는 것이 바람직할 것이다.

4.3 개도국의 입장을 생각한다

환경 관련하여 개도국은 선진국과 다른 입장을 갖고 있다. 선진국은 과거에 경제발전을 하면서 환경을 오염시켰는데 이제 개도국도 경제발전을 하려고 하는데 개도국은 환경 문제가 없게 하라는 것이다. 최근 기후 변화 관련하여 중국, 인도 및 개도국은 2000년대 중반으로 목표를 수정하였다. 가난한 나라는 기후 변화에 따라 가뭄, 홍수가 심각하게 될 것이지만 대비하기에는 경제력이 약하다.

에너지 분야 국제협력

인도네시아의 경우를 살펴본다. 인도네시아는 경제 발전에 따라 전력 수요가 급격하게 증가하고 있다. 석탄은 풍부하여 석탄 발전을 생각하고 있는데, 선진국이나 환경단체에서는 석탄발전이 이산화탄소 발생의 주범이라고 못하게 한다. 발전에 대하여 다른 대안이 없는 인도네시아의 경우 어떻게 해야 하는가?

생각할 수 있는 경우는 어떤 것이 있는가? 전기가 풍부한 선진국이 전기를 공급해 줄 수 있는데 주위에 그럴 수 있는 선진국이 없어 대안이 될 수 없다. 원자력 발전을 하기에는 인프라가 부족하다. 태양열 발전 등 재생에너지로는 전력 수요를 감당할 수 없다. 그렇다고 석탄 발전을 하는 것도 지구 환경을 생각하면 바람직하지 않다.

선진국은 오랫동안 석탄 발전 등을 통하여 에너지를 생산하여 경제 발전에 사용하였다. 개도국이 이제 석탄 발전을 하는 것을 막는 것은 선진국의 논리이다. 석탄 발전을 하되 발생하는 이산화탄소를 전부 포집 저장하거나 다른 소재로 전환하면 지구 환경에의 문제는 없어진다. 이 경우 기술이 충분치 않고 기술이 있다고 하여도 자금이 문제이다. 기술이 있고 선진국 또는 UN 기관은 자금을 지원할 수 있으면 해결되는 이슈이다. 기술 개발과 선진국의 자금 지원 시스템이 시급하다. 기술이 있으면 선진국의 기업은 새로운 사업이므로 관심을 갖고 참여할 것이다. 또 다른 문제는 이산화탄소를 포집하여 활용하여도 전력 단가가 상승할 것이다. 개도국에서는 역시 이를 달가워하지 않을 것이다. 왜냐하면 선진국은 그런 추가 비용없이 전기를 생산하여 사용하였기 때문에 개도국만 비싸게 전기를 생산하여야 한다는 것 역시 선진국의 논리이기 때문이다. 이럴 때 지구촌 탄소세 개념으로 UN등이 보조해 주는 것이 대안이 될 수 있을까? 현실성 있는 다른 대안이 있을까?

우수 인재가 과학기술 뿐 아니라 다양한 국제무대에서도 활동해야 한다. 전공 실력과 서로 다른 문화의 이해, 어학 능력 등을 갖추어 각 나라들의 이해가 대립하는 국제사회에서 이슈들을 지혜롭게 조정하고 리드할 수 있어야 한다.

소개 : 이회성 대표

이회성 대표는 아시아개발은행 기후변화 자문위원을 거쳐 고려대 그린스쿨대학원 에너지환경정책 교수로 재직하였으며 기후변화에 관한 정부간 협의체 (IPCC) 의장을 역임하였다.

그는 탄소배출량이 줄어들 기미를 보이지 않는다고 한다. 이유는 경제성, 투자비 등 경제 문제라고 지적한다.

2018년 인천 송도에서 열린 제48차 기후변화에 관한 정부 간 협의체 (IPCC, Intergovernmental Panel on Climate Change) 총회에서 '지구온난화 1.5도 특별보고서'가 195개 회원국 만장일치로 승인됐다. 이 보고서는 지구의 평균 기온 상승 폭을 산업혁명 이전 (1850-1900년)보다 1.5도 상승 이내로 제한해야 하는 과학적인 이유와 이를 달성하기 위한 대응 방안 등을 담고 있다. 이러한 국제적인 협력을 이끌어내는데 핵심적인 역할을 한 이회성 IPCC 의장은 2020년 제26회 한·일 국제환경상을 수상하였다.

5 문제 해결은 인재가 한다

어린이, 청소년 등을 대상으로 하는 생태 여행이 많이 있다. 갯벌 체험, 철새 도래지 방문, 반딧불이 체험, 숲 방문 등이다. 농어촌 체험도 여기에 포함시킬 수 있을 것이다. 아직 쓰레기 체험은 없는 듯하다. 체험 장소에 가면 가이드가 곤충, 식물, 새 하나하나를 자세히 설명해준다. 생명의 귀함을 깨닫는 기회이다. 그리고 체험한다. 그러면 환경을 아끼는 이로 변화된다. 환경 공부의 시작이다. 과거에 생태 여행과 체험을 할 기회가 없었다면 어른이 같이 참여해도 좋을 듯하다.

5.1 신기술 개발 경험

새로운 기술의 개발은 기업에게는 매우 중요하다. 기술 수준에 따라 기업의 경쟁력이 좌우되기 때문이다. 새로운 기술은 대부분 연구소에서 개발된다. 과거에 없던 방식으로 신기술을 창조하는 것이다. 그래서 연구원의 창의성이 중요하다.

창의성있는 우수 인재를 선발하기 위해 기업의 최고책임자가 세계를 돌며 인재를 직접 선발한다. 최고책임자가 직접 모셔간다는 형식을 밟을 때 우수 인재가 인터뷰에 응하는 것이다. 아니면 학문과 연구의 자유가 있는 대학이나 정부연구소로 가든가 대우가 더 좋은 외국 기업 연구소로 가기에 기업의 최고책임자가 나서는 것이다.

우수 인재를 모셔왔으면 다음으로 중요한 것은 창의성을 발휘할 수 있는 근무 여건을 만들어 주는 것이다. 포스코는 독자적으로 제철 기술을 개발하여 세계 최고의 철강회사가 되었는데 당시 연구소장(연구담당 부사장)으로부터 그 배경을 들었다. 새로운 기술을 개발하기 위해 연구소에서 우수 인재 몇 명을 모아 팀을 만들었다. 그리고는 자유 토론, brain storming을 계속했다. 그렇게 시간이 가니 새로운 아이디어가 나오기 시작하여 연구소장은 그 아이디어를 구체화하기 위한 연구를 수행했다. 그 결과로 세계 최고 수준의 제철 기술이 탄생한 것이다. 자유로운 분위기에서 자유롭게 생각할 때 새로운 아이디어가 나오는 것이다. 구체적인 과제를 주고 일을 시키면 일은 하지만 그것은 우수 인재를 잘 활용하지 못하는 것이다. 그래서 우수 연구자에게는 자유로운 발상을 할 수 있도록 외국 출장도 보내주는 등 여러 가지 배려를 하는 것이다.

이런 이야기는 대기업에만 해당되는 것은 아니다. 중소업체의 경우에는 여건이 열악한 곳이 많아 만만치는 않다. 최고의 인재를 모시기도 어렵고 그렇게 자유로운 연구 여건을 제공하는 것도 벅찬 것이 현실이다. 그러나 중소업체도 새로운 최고의 기술을 개발하여야 한다. 대학의 우수 두뇌를 활용하는 것도 한 가지 방법이고 중소업체 업종이나 기술에 관심을 가진 인재를 찾으면 가능할 것이다. 그런데 몇몇 중소업체 관계자와 이야기를 하다보니 중소업체는 사장의 의지가 중요한데 그런 의지를 가진 사장이 많지 않다는 것이다. 또 월급 등 근무 여건이 좋지 않으니 그런 기업에서 근무하겠다는 인재가 적다는 것이다. 이런 상황을 알기에 대학 등에서 협력하기 위해 노력하고 있고 정부에서도 지원하고 있지만 아직은 부족한 것이 많은 모양이다. 중소업체의 성공 사례를 많이 발굴하여 홍보하는 것부터 시작하는 것이 필요하다.

5.2 환경교육은 융복합 교육이 바람직하다

대학에서 학생을 선발하는 과정에 면접이 있다. 저자는 화학생물공학부 교수로서 오랫동안 대학생 선발 때 학생의 면접을 한 경험이 있다. 질문 중의 하나는 왜 우리 학과에 지원하였는가 하는 것이다. 예상 질문이므로 나름대로 준비해 온대로 대답한다. 화학공학, 생물공학 분야에 흥미가 있어서라는 대답이 제일 많지만 환경을 공부하여 환경 분야에 기여하고 싶어서라는 대답도 꽤 있었다. 환경과 관련되는 전공분야가 많겠지만 저자가 속한 학과도 다양하게 환경 관련 공부를 할 수 있는 곳이기에 지원하는 학생들이 많다. 일반적으로 일단 입학하여 공부를 하다보면 여러 가지 이유로 생각이 바뀌는 경우들이 있다. 그래도 환경에 관심을 가진 지원자가 많다는 것은 반가운 일이다.

대학, 대학원에서 제공하는 교과목 중에는 환경 관련 과목이 다양하게 있다 직접적으로 환경이란 단어가 들어간 교과목으로는 환경화학공학, 환경생물공학 등이지만 학과의 모든 교과목이 다 관련이 있다. 그래서 어떤 과목을 공부하던지 환경과의 관련성을 알게 된다. 예를 들면 촉매를 공부하더라도 자동차용 배기가스 저감 촉매, 고분자를 공부하더라도 플라스틱이나 생분해성고분자가 포함되어 직간접으로 환경에 대한 공부를 하게 된다.

환경 강의는 종합적인 과목의 강의라는 느낌이다. 화학, 생물, 지구과학, 공학 등이 종합적으로 연계된 것이다. 새로운 이론도 있지만 상당수가 환경 문제를 분석하고 대책을 논하는 것이다. 시작은 환경에 대한 관심에서 출발한다. 종합적인 교과목이므로 융복합 시대에 PBL[34] 형식의 교과목으로 좋다.

어느 대학교 학생들이 커피찌꺼기를 처리하는 프로젝트를 수행하였다. 커피찌꺼기에서 커피 향을 추출하면 상품가치도 있고 쓰레기 처리에도 기여하는 것이라 의미가 있다. 커피 향은 추출하는 것이 그리 어려운 것은 아니지만, 커피찌꺼기를 수집하는 일, 상품화 시키는 일, 홍보, 사업 경영 등을 생각하니 혼자서 할 수 있는 일이 아니었다고 한다. 다양한 배경을 가진 이들이 협력해야 되는 것이다. 또 다른 예로, 개도국 어느 지역의 에너지 또는 식수 문제를 해결하기 위한 방안을 찾는 과제를 주어보자. 팀원들이 모여 문제의 원인을 찾는 토론을 시작할 것이다. 그들의 처지를 안타깝게 생각하며 대안을 찾으려고 한다. 다양한 대안을 검토하면서 경제적이고 지속가능한 방법을 택할 것이다. 한 가지 전공만으로는 문제 해결이 쉽지 않다는 것을 알

---

34 PBL (Problem-based learning 또는 Project-based learning) 어떤 문제 또는 프로젝트를 팀으로 수행하는 학습 방법

것이고 그래서 다양한 전공을 가진 이들의 역할을 기대할 것이다. 이렇게 과제를 해결하는 과정에서 팀워크, 다학제적 생각, 가난한 이들에 대한 이해, 창의적인 사고, 비즈니스 마인드 등이 길러진다고 하면 얼마나 좋은 교육인가? 대학생에게도 좋고 청소년에게도 좋다.

청소년 환경교육은 스팀[35] 방식으로

학생들에게 환경의 중요성을 인식시키고 환경 보전을 위한 교육을 한다. 생활에서 할 수 있는 쓰레기 분리수거, 에너지 절약 등 실천에 참여하게 한다. 환경 보전에 관련된 관련 직업을 가지려고 하는 마음도 이러한 교육 과정에서 생길 수 있으니 환경 교육은 매우 중요한 것이다.

이렇게 중요한 환경 교육이 잘 수행되고 있는지 생각해 본다.
우리는 사회적으로 중요한 이슈가 생기면 그러한 교육이 부족해서 그렇다고 이야기하면서 관련 교육 과목을 신설해야 한다고 한다. 환경도 중요한 이슈이니 환경 교과목이 신설되고 교육이 이루어지고 있다. 환경교육은 환경교과목 시간에 하면 충분한 것인가? 주입식, 암기식에서 벗어난 교육일까? 일반적으로 환경 교과목이 있으면 환경교육이 충분한 것으로 생각하고 다른 교과목에서는 환경 주제를 다루지 않는다. 일반 교과목 교사들이 환경에 관심이 얼마나 있을까 그리고 환경과의 관련성에 대하여 교육하는데 관심이 있을까? 교육

---

35 스팀, (STEAM: Science, Technology, Engineering, Art, Mathematics) : 과학을 기술, 공학, 예술, 수학과 연계하여 교육하는 것이 효과적이라는 과학교육의 방법

의 효과를 생각하면 다양한 교과목에서 환경 관련 주제를 다루어야 한다. 국어시간에도, 수학시간에도, 사회시간에도, 과학시간에도 환경 관련 내용이 다루어져야 한다. 환경 교사는 모든 교과목에서 환경 관련 이슈가 다루어지도록 협조하고 리드하여야 하는 것이다.

모든 교육의 시작은 동기 부여이다. 공부를 하겠다는 마음이 있으면 스스로 찾아서 공부한다. 과학교육에서도 동기부여가 중요하다.

환경에 대한 관심, 인간 생명의 존엄성 인식이 환경 교육, 인재 양성의 시작이다. 관심이 있으면 스스로 인터넷, 책 등에서 자료를 찾아서 공부하고 전문가를 찾아 토론을 한다. 그러면서 새로운 아이디어가 떠오르면 벤처도 만들 수 있고 환경 관련 직업이나 직장으로 갈 수 있다.

스웨덴 청소년 그레타 툰베리처럼 세상을 변화시키기 위해서 노력하는 10대 청소년들의 사례가 몇 가지 있다. 특히 구글 과학자전에 참가하여 우수한 성적을 거둔 학생들이 국내에도 있다.

2018년 스웨덴 국회의사당 앞에서 'School Strike for Climate' 피켓을 들고 있는 툰베리

> **#사례 : 환경을 위해서 연구하고 시제품을 내놓은 10대 청소년**
>
> [오션클린업] 16세 소년. 수영 중 발견한 쓰레기섬이 계기가 되어 깨끗하게 하는 아이디어로 400억 투자를 유치함. 보얀 슬랫 (UNEP 2014 지구 환경 대상 수상)
>
> [전기장치 달인] 15세 소녀. 1) 체온으로 작동하는 플래시라이트 펠티, 2) 머그컵 열기로 30분만에 휴대폰을 충전시키는 드링크. 앤 마코신스키
>
> [기후청소년 대표주자] 15세 소녀가 기후변화를 위한 학교파업을 시작으로 지구촌을 움직이는 환경운동가가 되다. 그레타 툰베리 (2019 UN 기후정상회의 연설자, 타임지 선정 가장 영향력 있는 인물)
>
> [15세 소년 중학교 자퇴생이 쓰레기로 만든 풍차] 아프리카에 변화의 바람이 불다. 윌리엄 캄쾀바
>
> [농장폐기물 오렌지 껍질과 아보카도 껍질에서 고흡수성 폴리머 개발] 16세 소녀 키아라 니르긴 (구글 과학전 2016 수상)
>
> [초등학교 1학년생이 만든 녹조제거 로봇] 홍준수

5.3 관련 전공과 직업

우수 인재가 지구 환경 살리기에 참여하면 좋겠다.

취업 기회는 물, 농업, 생태계 관련 전통적인 환경 일자리는 물론 최근 강조되고 있는 플라스틱, 기후변화와 관련된 일자리를 생각하면 산업 전반이 관련되고 있다. 새로운 산업은 새로운 먹거리와 일자리를 창출하고 있기 때문이다. 새로운 비즈니스(벤처 포함)와 커리어의 기회이며 새로운 분야에서 인류에 봉사할 수 있는 기회이다.

주요 일자리

- 환경 관련 기업
- 엔지니어링 기업
- 에너지 기업 (전력회사 등)
- 바이오기업 : 생분해성고분자, 바이오화학 분야
- 화학 기업 : 환경촉매, 청정기술 분야
- 기계 기업 : 에너지 기업 등에 부품을 납품
- 연구소 (환경부, 과학기술부, 산업통상부 등과 관련된 연구소)
- 대학
- 환경관련 정부부처 (공무원)
- 국제기구 (유엔, 세계은행 등) 등

자격증도 많이 있다. 환경관련 기사는 대기환경기사, 수질환경기사, 토양환경기사 등 다양하다. 또 온실가스 관리기사, 에너지 관리기사, 태양광설비기사 등 다양한 자격증 제도가 있다. 온실가스 관련 경제학, 환경공학, 에너지공학 등 다양한 학문이 기후변화를 다룬다. 건설업체, 엔지니어링 기업 등에서 자격증을 요구하기도 한다.

주요 학과/전공 소개

공과대학(환경공학과, 화학공학과, 생물공학과, 화학생물공학과, 원자력공학과, 토목공학과 등), 자연과학대학(지구과학과, 생명과학과, 화학과, 물리학과 등), 농과대학, 수의과대학, 약학대학, 의과대학, 특수대학원(환경대학원, 국제대학원 등) 등 많은 학과/대학이 환경과 관련되어 있다. 예를 들어 국제대학원의 경우에도 학생들이 환경관련 국제기구에서 일하게 하는 것도 하나의 목표이다.

 2014년 중앙공무원교육원(현재, 국가공무원인재개발원)에 근무할 당시 공무원 교육에 대한 협력 방안을 논의하기 위해 UN을 방문하였다. 경제사회국 국장과 만나 개도국 공무원의 역량 향상이 사회 발전에 중요하며 이를 위해서는 교육에 협력이 필요하다는 이야기를 하였다. 그 당시 UN은 MDG (후에는 SDGs로 확대) 달성를 위해서 노력하고 있었는데 시작은 교육이라고 생각하였다. 마을 지도자의 교육은 물론 공무원의 교육이 사회 발전의 시작이라고 이야기하였다. 교육을 위해서 인터넷 교육이 효과적일 수 있고 우리나라도 참여하겠다고 하였다. 교육 대상에 마을지도자, 공무원을 포함시켜야 한다.

#인터뷰 : 우연택매니저 (환경공학 전공, 임펙터스 근무)

환경공학을 전공하신 배경을 말씀해 주세요.

고등학교 재학시절, 마땅한 진로를 찾지 못할 때 사이버외교사절단 '반크'라는 동아리 활동을 시작하였습니다. 동아리 활동 중 반크와 KOICA(한국국제협력단)가 진행하는 지구촌시민학교에 참여했습니다. 당시 유엔의 글로벌 아젠다였던 MDG(새천년개발목표)에 대하여 청소년 들에게 중요성을 알리고, 청소년 스스로 지구촌시민으로서 생각하고 행동할 수 있도록 하는 활동이었습니다. '무관심을 관심으로', '관심을 행동으로', '행동을 실천으로' 라는 3가지 목표아래 3번의 미션을 수행하면서 MDG의 8가지 목표 중 특히 '물 부족'에 관하여 관심이 많이 생겼습니다. 마지막 미션으로 학교에서 물 부족에 대한 캠페인을 진행하면서 환경공학을 전공하기로 마음먹었습니다. 목표가 없던 1학년 시절에는 공부를 해야 할 이유를 찾지 못했고, 하는 것도 재미가 없었습니다. 반크라는 동아리 활동을 하면서 직접 활동을 통해 경험해보고 진로에 대하여 치열하게 고민했을 때 성적이 올랐고 목표로 하던 환경공학과에 진학할 수 있었습니다.

환경공학을 졸업한 후 느낀 점은 무엇인가요

환경공학과에 입학했을 때 제가 존경하는 교수님의 첫 오리엔테이션이 기억납니다. '우리는 더러운 것을 깨끗하게 하는 일이기 때문에 가장 더러운 물이 모인 하수처리장, 더러운 공기를 내뿜는 공장의 굴뚝, 사람들이 버린 폐기물이 모이는 쓰레기장이 우리의 작업장이다.' 이 말씀을 피부로 느끼기까지 오래 걸리지 않았습니다. 군 복무를 마치고 복학하기 전 한국융합화학시험연구원(KTR)에서 수질분석팀에서 계약직으로 근무를 했었습니다. 전국에 있는 온갖 하수처리장에서 나온 폐수 시료들을 분석하고 나면 남은 시료들은 폐기처리를 하게 됩니다. 시료를 폐기할 때면 온갖 오염물질들이 부패하여 고약한 냄새가 납니다. 연구원 경험을 바탕으로 학교에만 있어서는 안되겠다는 마음이 들어 열심히 돌아다녔습니다. 전 세계 최대 규모라 불리는 수도권매립지, 서호생태수자원센터, 녹색기후기금 G-타워 등 다양한 현장을 방문하고 많은 환경 컨퍼런스(기후기술대전, 친환경대전, 국제 적정기술 컨퍼런스 등)에 참가하면서 공부를 위한 다짐을 했습니다. 학업과 다양한 대외활동을 병행하는 것이 환경에 대한 이해를 넓혀주어 학업에 큰 도움이 되었습니다. 처음에는 더러운 것에 눈살을 찌푸렸다면 지금은 더러운 것을 깨끗하게 하는 기술과 정책에 관심을 기울이며 배울 수 있어 기쁩니다.

환경공학과는 수질, 대기, 토양, 폐기물, 소음·진동 등을 중심으로 다룹니다. 공학적인 것을 학과에서 배우면서 다양하게 환경을 배울 수 있습니다. 첫째, 타 학과의 전공입니다. 경제학과의 '자원 및 환경 경제학', 국제관계학과의 '국제기구론' 등의 수업을 들으며 환경공학과에서 배우지 못하는 환경을 배웠습니다. 둘째, 다양한 대외활동을 할 수 있습니다. 경진대회, 아카데미, 컨퍼런스, 외부 동아리 등 다양한 활동을 할 수 있습니다. 제10기 환경대사(UNEP, Bayer), 대학생 기후변화 아카데미(국회 기후변화 포럼), 온실가스관리 전문인력 양성과정(환경공단) 등의 아카데미에서 환경에 대하여 배울 수 있습니다. 배운 이론을 바탕으로 한-아세안 국제 경진대회에 한국 대표로 참가하였습니다. 아세안 국가 중 한 곳을 선정하여 문제를 정의하고, 기술혁신을 통해 해당 문제를 해결하는 국제대회로 캄보디아에 참가하여 한국과 아세안 10개국의 청년들과 함께 기후변화와 환경에 대한 도전을 하면서 도움이 되었던 것은 환경에 대한 꿈을 꾸고 실천하는 동료들을 만날 수 있었습니다. 대외활동을 바탕으로 사귄 친구들과 함께 환경을 기초로 연구할 수 있는 적정기술 활동을 위해 학교에 국경없는 과학기술자회 동아리를 설립하였고 수도권 5개 학교가 연합하여 활동에 대하여 교류하고, 높은 지식을 가진 교수님들과 함께 교류하며 환경에 대한 꿈과 목표를 실천하고 있습니다.

최근 활동을 말씀해 주세요.

2021년 6월부터 2022년 4월까지 환경부에서 운영하는 국가 기후변화 적응대책 국민평가단의 3분과 분과위원장으로 활동 중입니다. 국민이 체감할 수 있는 기후변화적응 대책을 계획하고 수행하는지 함께 이행점검할 수 있는 기회를 갖게 되었습니다. 우리나라에서 기후변화 적응에 어떤 것들을 우선순위로 선정하였고 어떠한 노력을 하고 있는지 확인할 수 있는 활동입니다. 국민평가단은 20~60대의 다양한 지역과 성비를 고려하여 선발되었으며 학생부터 교수, 의사, 컨설턴트, 교사, 주부, 은퇴 환경직공무원 등 다양한 직업군이 모여 활동하고 있습니다. 국가에서 진행 중인 기후변화대응 대책에 대하여 국민에게 올바르게 알리고 실천하는 활동을 통해 보람을 느끼고 있습니다. 최근 사이버외교사절단 반크와 함께 텀블러 사용 인증 캠페인을 계획하고 있습니다. 2022년 6월부터 시행될 자원순환 재활용법에 따라 일회용 컵을 이용하기 위해서는 300원의 보증금을 내는 일회용 컵 보증금제가 실시된다고 합니다. 탄소중립을 일상생활에서 국민이 실천할 수 있도록 텀블러의 사용횟수를 인증하여 탄소중립 실천 활동에 있어서 정량화를 통한 근거와 추가 인센티브 방안에 대하여 모색해 보고자 합니다.

제4부

세상이
변화되어야

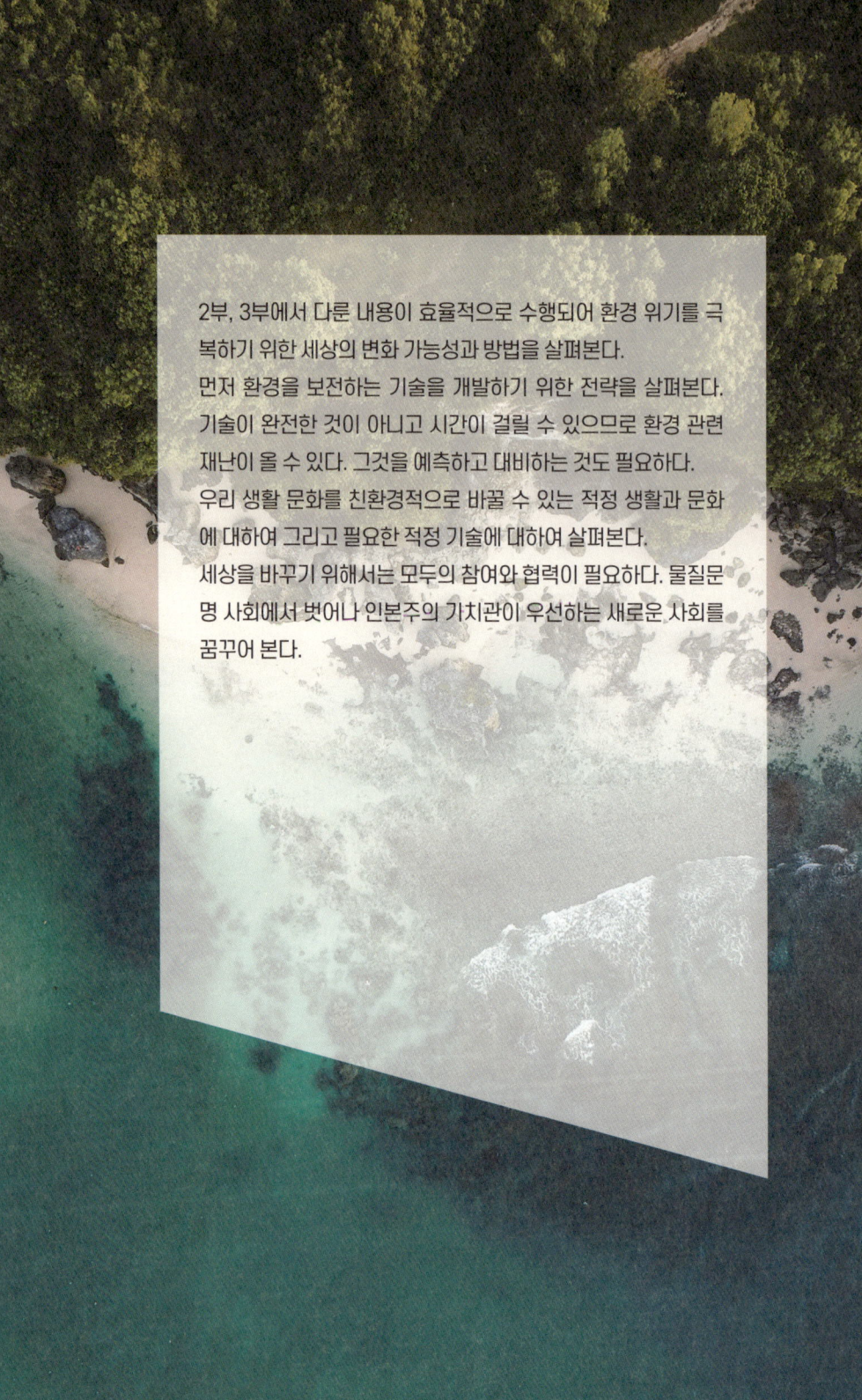

2부, 3부에서 다룬 내용이 효율적으로 수행되어 환경 위기를 극복하기 위한 세상의 변화 가능성과 방법을 살펴본다.
먼저 환경을 보전하는 기술을 개발하기 위한 전략을 살펴본다. 기술이 완전한 것이 아니고 시간이 걸릴 수 있으므로 환경 관련 재난이 올 수 있다. 그것을 예측하고 대비하는 것도 필요하다.
우리 생활 문화를 친환경적으로 바꿀 수 있는 적정 생활과 문화에 대하여 그리고 필요한 적정 기술에 대하여 살펴본다.
세상을 바꾸기 위해서는 모두의 참여와 협력이 필요하다. 물질문명 사회에서 벗어나 인본주의 가치관이 우선하는 새로운 사회를 꿈꾸어 본다.

1   과학기술이 만능인가?

일기 예보는 대부분 정확하다. 그러나 가끔은 비가 온다고 해서 우산을 갖고 출근했는데 비가 오지 않는다. 이런 경우는 괜찮다. 그런데 날이 맑다고 했는데 갑자기 큰 비가 내린다. 그러면 일기예보를 담당하는 기관을 비판한다. 엄청난 예산을 들여 슈퍼컴퓨터를 구입했는데 왜 틀리느냐 하는 불평이다. 이런 불평을 가끔한다. 그러면 일기예보를 할 때 확률 용어를 사용하는 등 다소 방어적으로 바뀐다. 첨단 과학을 도입하고 슈퍼컴퓨터를 이용하여 계산하는 기후 예측에 한계가 있다는 것이다. 과학 기술의 한계를 느낀다.

1.1 기술 개발 전략이 필요하다

기술이 개발되고 실용화되면 지구 환경이 회복될까? 여기에 대하여 누구도 '예'라고 답하지 못할 것이다. 그래도 어느 정도 회복시킬 수 있다고 생각하여, 아니 다른 대안이 없기에 그리로 가고 있다. 기술의 한계를 생각하니 안타까운 느낌이다. 우리가 기대할 수 있는 수준은 어느 정도인가?

생활 속의 환경 보전 의식을 현실로 만드는 것의 시작은 환경기술의 개발이다. 단기적으로 기술 개발이 환경에 도움 되는 것이 많다. 여러 가지 과학기술적인 이슈가 있지만 이미 기업이 참여하여 기술 개발이 본격화되고 있는 그리고 임팩트 있는 것들은 다음과 같다. 플라스틱 재활용, 플라스틱 쓰레기 줄이기, 생분해성 플라스틱 생산, 안전한 소형모듈원전, 전기자동차 등 친환경자동차, 태양광 관련하여 배터리와 패널의 수명을 늘리고 재사용, 석유화학을 대체하는 바이오화학 기술, 온실 가스의 포집 및 소재로의 전환 기술, 인공 육 기술, 에너지 절약형 해수담수화 기술 등이다. 부분적으로 실용화하기 시작하였으나 환경 위기를 극복하는 데는 다소 시간이 필요하다. 기업에서 관심을 갖고 사업을 추진하고 있는 경우 정부에서 정책적으로 인센티브만 준다면 빠른 속도로 실용화하여 지구 환경 보전에 기여할 것이다.

아직 초기 연구개발 중이거나 아직 실용화까지는 넘어야 할 산이 많이 있는, 그러나 장기적으로 임팩트 있는 기술은 다음과 같다.
- 플라스틱 대체 소재의 개발
- 새로운 에너지 : 핵융합 발전, 인공 광합성
- 에너지 저장 신기술
- 생태계 보전 신기술

언제 실용화될지는 모른다. 그래도 기술을 개발하여야 한다.

가정에서는 에너지와 자원을 아낀다. 대학, 연구소 그리고 기업에서는 환경 관련되는 연구를 하고 신기술을 개발한다. 정책 부서에서는 에너지 절약에 관련되는 정책을 기획하고 시행한다. 예를 들면, 신재생에너지를 사용하도록 인센티브를 주는 것 등이다. 장기적으로 탄소 배출을 줄여야 한다고 예고하기도 한다. 위에서 언급한 기술 이외에 임팩트있는 게임 체인저의 역할을 할 수 있는 기술이 있을까 있다면 그런 기술의 아이디어는 어디에서 나올까?

또 필요한 기술은 무엇인가 생각하자.

새로운 기술의 시작

새로운 기술, 임팩트 있는 기술의 개발이 필요하다, 기술 개발은 어떻게 이루어지는가?

우리가 생각할 수 있는 핵심 기술의 기초가 되는 분야를 아래 표 4.1에서와 같이 나타내었다. 화학, 바이오, 원자력, 소재 기술 등이 핵심 기술이다. 생각지 못했던 기술 개발의 시작은 기초 연구 등에서 나오는 경우가 많다. 그렇게 생각하면 기초분야의 연구개발을 적극 지원하여야 한다. 그것이 환경 기술의 발전이 시작인 것이다. 이것은 동시에 관련 기초 기술의 연구와 인력 양성이 중요함을 말해준다. 기술개발 전략은 우수 인재의 양성과 기초 연구이다.

기초기술과 응용기술을 연구하는 주체로서 유능한 인재의 양성, 자유로운 사고를 제공하는 연구 분위기, 적절한 수준으로 기업에 인센티브 주는 것, 정부의 정책 이런 것들이 합해져서 쓸만한 기술이 탄생하는 것이다. 너무나도 당연한 몇 가지 기본 원칙이 기술 개발 전략의 핵심이다.

표 4.1 환경 이슈 관련 핵심 기초 분야 (예시)

이슈	관련 기초분야
플라스틱 - 생분해성 플라스틱	바이오, 화학
플라스틱 재활용	화학, 바이오
새로운 에너지 : 인공광합성	바이오, 화학
새로운 에너지 : 핵융합	물리, 재료
새로운 에너지 : 소형원자력	원자력, 재료
친환경에너지 : 풍력, 태양광 등	기계공학, 화학, 재료
친환경자동차 : 전기, 수소	화학, 기계
온실 가스 포집, 저장, 변환	바이오, 화학
석유화학 대체 : 바이오화학	바이오, 화학
나무심기 : 종자개량	바이오
수자원 보전	토목공학
인공육 : 조직 배양	바이오
쓰레기 재활용 : 퇴비화	바이오

환경 관련 기술 중에서 바이오와 관련된 중요한 기술을 정리한다.

생분해성 플라스틱 개발

자동차용 연료인 바이오에탄올, 바이오디젤 생산

인공광합성 연구

바이오화학 기술

이산화탄소, 메탄 이용 소재 생산

바이오 기술 이용 고효율 에너지 저장

깨끗한 물을 얻기 위한 생물학적 하수, 폐수 처리

그림 4.1 기술 개발 전략

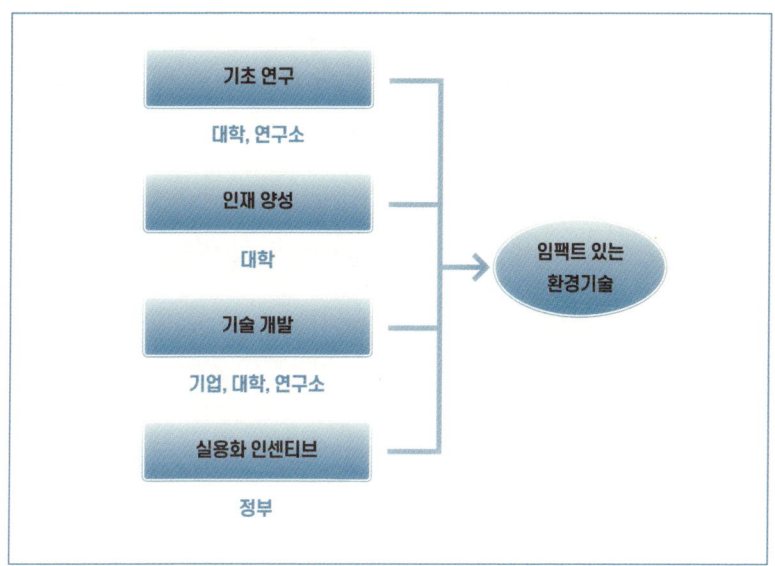

유기성 쓰레기로부터 퇴비 또는 메탄 생산 신기술
나무 심기, 숲 조성, 환경에 견디는 농작물 개량 신기술
축산업 대체하는 인공육 개발
오염 측정 센서, 환경 관련 질병 치료 등에 바이오 기술 적용

물리 또는 화학 기반의 기술은 다음과 같다.
핵융합으로 새로운 그리고 무한대의 에너지 생산 기술
안전한 원자력 발전, 소형 원자력 발전 기술
원자력 폐기물 처리 기술
이산화탄소, 메탄가스 포집 기술
이산화탄소, 메탄으로부터 유용한 소재 생산 기술
고효율 태양광 발전 등 신재생 에너지 생산 기술

에너지 저장 기술

에너지 사용이 적은 컴퓨터 기술

저렴한 해수담수화 기술

강, 바다의 미세플라스틱 수거 기술

플라스틱 대체 소재 기술

개도국에서 건기에도 사용 가능하도록 하는 물 저장 신기술

또 임팩트 있는 기술은 무엇인가?

이러한 노력은 분명 지구 환경을 지키는데 도움이 된다. 그리고 이러한 활동에 참여하는 이들은 지구 환경 보전에 동참한다는 생각을 하며 자부심을 느낀다. 이들의 노력으로 지구 환경이 잘 지켜질지, 미세플라스틱으로 인한 환경 피해를 막을 수 있을지, 기후 변화가 완화되는 효과는 얼마쯤일지, 지구 온도를 1.5도 상승시키는 수준에서 멈추게 할 수 있을지 궁금하다. 우리가 과거의 산업 사회 이전의 사회로 돌아갈 수 없다고 하면 지구 온난화를 몇 년 늦출 수는 있겠지만 막기에는 역부족이다. 기술 개발만으로 충분하지 않으니 다른 무엇인가를 생각해야 한다.

1.2 재난에 대비한다

과학기술의 발전과 한계

과학자가 되고 싶다는 꿈을 가진 청소년이 많다. 사회에서도 과학자는 존경받는다. 그것은 과학기술이 에너지, 소재, 식량, 질병의 예방과 치료. 통신 등으로 인류에게 도움을 주고 있기에 그 일을 주도하는 과학자를 멋있고 고맙게 생각하여 주기 때문일 것이다.

과학기술의 발전은 우리에게 어떤 영향을 미치는가? 단순히 물건을 생산하는 기술이 아니라 인간을 위하는 기술이 되어야 한다. 그러려면 인간 존중의 가치가 밑바탕이 되어야 할 것이다.

최근 인공지능, 바이오 기술 등의 발전은 인류에게 도움이 되는 측면이 있으나 반대로 테러와 전쟁, 환경 파괴, 윤리적인 것과 관련 되는 문제에 과학기술이 관련되어 있음을 보게 된다. 과학기술의 역기능을 줄일 수 있을까?

과학기술의 역기능의 하나는 환경 파괴이다. 2019년 이후 코로나 팬데믹을 극복한 경험, 4차 산업혁명으로 개발되는 플랫폼 기술 등을 과학기술의 역기능을 줄이는데 특히 지구 환경을 지키는 데 적용하고 활용하여야 한다.

기후변화와 재난에 대비하다

노르웨이 대학의 란데르스교수는 지구 평균 기온이 2500년까지 (1850년 대비) 3도가 증가하여 해수면은 3m 올라갈 것으로 예측하였다. 온실가스 배출을 중단해도 영구 동토층이 녹아 탄소배출은 계속 증가한다고 비관적으로 전망하였다. 지금도 빙하는 계속 녹아내리고 있고 가속화되고 있어 2100년이 되기도 전에 바닷가 도시의 상당수가 물에 잠길 것이라는 예측도 있다.

서울대 환경대학원의 홍종호교수는 기후변화가 우리의 경제시스템을 붕괴시킬 수 있다고 경고했다. 기온이 2도 증가하면 농업생산성이 50% 떨어질 것으로 예측했다.

기후협약 목표는 1.5도이지만 탄소중립을 모두 이행해도 1.8도, 2030 감축목표를 이행해도 2.4도, 현 정책을 지속하면 2.5-2.9도 상승한다고 한다. 현실적으로 1.5도 목표 달성은 어려워 보인다.

우리가 열심히 노력한다고 하여도 여러 한계와 어려움에 직면하고 이것은 여러 형태의 재난으로 나타날 것이다. 기상이변으로 폭염이 심해져 산불이 나고, 추위가 심해지고 태풍이 더 강하게 불고, 부분적으로 물에 잠기는 섬과 육지가 증가할 것이다.

우리나라의 남해안 도시, 바닷가의 일부가 물에 잠기면 어떻게 할까? 우리도 네델란드처럼 해안가에 차단벽을 쌓아야 할까? 해안가에 집을 지을 때는 해수면보다 조금 높여 집을 지어야 할 듯하다.

폭우나 눈이 지금보다 더 많이 와도 우리가 견뎌낼 수 있을까? 아프리카는 우기가 없어지고 있고 바닷가는 물에 잠기는 시점이 가까워지고 있다.

폭설이 내리면 비닐하우스에 눈이 쌓이고 그러다가 하중을 견디지 못하고 무너져 내렸다, 강풍이 불어 비닐하우스가 날아가 버렸다는 는 뉴스를 많이 접했다. 어느 정도의 기후변화는 우리가 적응하고 견뎌낼 수 있겠지만 어느 수준을 넘어서면 우리에게 큰 재앙으로 될 것이다.

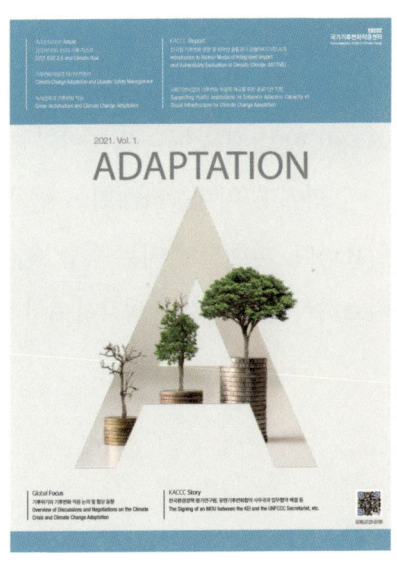

지구 멸망 시나리오가 매스컴에 가끔 소개된다.

바이오기술의 발달로 바이러스나 세균의 유전자를 조작하거나 제조하는 것은 그리 어려운 일이 아니다. 누군가가 그렇게 무서운 바이러스나 세균을 만들어 퍼뜨리는 것이 걱정된다. 고도로 발달된 인공지능을 갖춘 로봇은 장기적으로 인류에게 위협이 될 수 있다. 핵전쟁의 발발은 또 다른 재앙이 될 수 있다. 강대국의 핵무기 보유는 그럴 수 있을 정도로 많다. 그리고 기후 변화가 지구를 멸망으로 가게 할 수 있다고 한다. 이 중에서 기후 변화로 인한 문제는 심각성이 하나씩 현실로 되고 있음을 느끼고 있다. 이산화탄소 배출을 줄이면서 동시에 해수면의 상승, 기후 변화 등으로 인한 재앙에 대비하여야 한다.

100년 만의 더위, 추위, 태풍, 폭우 등 이에 대한 대비와 적응이 필요하다.[36] 재해 관련 이슈들을 생각해야 하고 대비해야 한다. 이것은 새로운 이슈이며 새로운 기술의 개발이 필요하다. 우리나라의 재난에 대비한 대책은 어느 정도인지 연구개발은 어떤지 궁금하다.

 이 외에도 미세플라스틱이 인체에 미치는 영향은 관찰과 연구가 필요하다. 피해를 줄이는 방법, 인체에 영향을 미치는 경우가 있다면 치료하는 방법까지도 생각하여야 한다.

---

36 한국환경연구원 산하에 기후변화적응센터를 두어 기후변화 적응과 관련된 사업을 수행하고 있다.

2 적정사회로 간다

현대 문명을 비판하는 도서가 많이 출판되었다. 『소유의 종말』(2000, 제레미 리프킨), 과소비사회의 소비심리를 분석한 미래사회 전망 보고서 『행복의 역설』(2014, 질 리포베츠키), 『소비의 사회』(1992, 장 보드리야드) 등이다. 우리는 소비한다. 고로 존재한다는 생각이 든다. 나는 명품을 좋아한다. 고로 존재한다는 이들도 있는 듯하

다. 현대 물질문명의 혜택으로 의, 식, 주에 큰 불편 없이 잘 지내고 있다. 그런데 이것이 야금야금 우리 현대 문명을 위협하고 있는 것이다. 물질문명 사회가 문제가 있다는 것은 다 인식하고 있지만 해결책이 있을지 생각해본다.

2.1 적정 생활 문화로 바꿔야

우연택씨 (환경공학 전공)로부터 환경 보전을 위해 필요한 노력을 듣는다. "오늘날 파리협정과 지속가능발전목표(SDGs) 등의 국제적 협

약을 통해서 전 세계가 탄소중립을 위해 노력하고 있다는 뉴스를 접할 수 있습니다. 우리나라는 대한민국 뉴딜 정책을 디지털 뉴딜과 그린뉴딜로 분류하여 K-뉴딜을 진행 중이며, 2050년까지 탄소중립을 달성할 것을 선언했습니다. 기업은 탄소배출권 거래제나 목표관리제 등 다양한 정책에 따라 환경관련 활동을 하고자 노력합니다. 탄소중립을 위해 시민들은 무엇을 할 수 있을까요? 다양한 실천사항이 있습니다. 양치컵 사용하기, 대중교통 이용하기, 집에서 사용하지 않는 전원 뽑기 등 실천사항이 마련되어 있고, 국가에서 운영하는 인센티브제도로 에코마일리지제도, 으뜸 효율 가전제품 환급제 등의 제도도 운영하고 있습니다. 탄소중립2050 홈페이지에서는 이런 활동에 대하여 탄소중립 실천이라고 이야기합니다. 이러한 것에 정량화가 필요합니다. 예를 들어 텀블러를 친환경활동으로 인정하고 지속적인 텀블러사용을 권장한다면 텀블러를 이용할 때마다 사용한 것을 인증하고 플라스틱 컵이나 종이컵을 이용하는 것보다 얼마나 친환경적인지 알 수 있다면 얼마나 좋을까요? 이러한 분석을 'LCA(Life Cycle Assesment)' 전과정평가라고 합니다. 이것을 바탕으로 한 탄소성적표지라는 제도도 있습니다. 우리 시민이 적극적으로 탄소중립활동에 동참하도록 독려하기 위해서는 실천효과를 지속적으로 관리하고 증명해낼 수 있도록 마련되어야한다고 생각합니다."

환경 운동가는 아니지만 영화 제작자들도 한몫을 하고 있다.
환경을 소재로 하는 영화가 많다. 에린 브로코비치(Erin Brockovich), 바람계곡의 나우시카(Nausicaa of the Valley of Wind), 투모로우(The Day After Tomorrow), 월 E(Wall-E) 등 여러 편이 소개되었으며, 우리나라 영

화로는 설국, 괴물 등이 그 예이다. 이런 영화를 보면 환경보전의 필요성을 다시 한번 깨닫고 주인공의 역할에 감사한다. 환경을 소재로 하는 영화를 소개하는 행사도 있다. 서울환경영화제(Seoul Eco Film Festival)는 2004년 이후 개최되고 있다. 환경을 주제로 한 소설, 만화 등도 마찬가지이다.

환경운동의 상징적 의미, 문제 제기 이외에도 구체적으로 시민들의 생활 속으로 들어가야 그래서 모든 시민이 참여해야 한다. 최근 MZ 세대의 최대 관심사의 하나는 환경보호이다. 친환경 제품과 재활용 제품을 선호한다. 환경보호는 물론이고 평등과 정의 그리고 지속가능 발전의 중요성에 대한 철학을 갖고 있다. 친환경적인 생활이 환경 보전에 얼마나 임팩트가 있을까? 오랜 시간 강물이 흘러가면 모난 돌이 깎여서 자갈이 되듯이, 강물이 흐르게 해야 한다.

2021년에 브라질 상파울루의 빈민가에서 특별한 패션쇼가 열렸다. 모델들이 입은 옷은 버려진 유니폼으로 만든 업사이클링 옷들이다. 오래된 옷이나 재고 상품들을 재사용하여 보다 지속 가능한 패션 산업을 창출한 것이다.

또 다른 예는 트럭의 방수천을 재활용하여 가방 등을 만드는 일이다. '프라이탁 (FREITAG)'이라는 브랜드로 팔리는데 새로운 소재이며 버리는 것을 재활용하는 일에 동참한다는 자부심을 주는 일이다.

대량 생산과 대량 소비 문화를 극복하는 방법은 적정한 수준의 생산 그리고 미니멀(minimal) 소비일 것이다. 남는 것 또는 사용한 것은 재사용하여야 한다. 이것이 자원을 아끼는 것이며 환경을 보전하는 한 방법이다.

환경 보전의 시작은 생활에서 시작한다. 시민들이 생활에서 실천할 수 있는 부분도 많이 있다. 예를 들면 다음과 같다. 대중교통 이용하기, 가정에서 에너지, 물 등 자원 절약하기, 플라스틱 사용 자제, 1회용품 사용하지 않기, 쓰레기 분리수거, 배출된 쓰레기의 재활용 및 재사용 캠페인 참여, 음식물 쓰레기 줄이기 등이다.

버려진 유니폼으로 만든 업사이클링 옷 패션쇼

갤럽(Gallup)에서 WIN(Worldwide Independent Network of Market Research)와 같이 성인들 33,000명(한국 1,500명)을 대상으로 2021년에 환경에 대한 인식을 조사한 결과를 발표하였다. 환경을 배려한 제품에 비용을 더 지출할 용의가 있다. 68%, 기후변화의 심각성의 인식은 우리나라는 평균을 약간 상회하는 수준이다. 개인의 행동만으로는 한계가 있으니 기업과 정부의 노력이 요구된다. 성인의 86%는 지구온난화는 인류에게 심각한 위협이 되고 있고 자연재해도 그 때문이라고 인식하고 있다. 이러한 결과는 시민들이 환경에 대한 인식이 긍정적이라는 것을 말해주고 있고 무엇인가 노력이 더 필요하다는 것을 말해준다. 그 노력이란 생활이 그리고 정부와 기업이 더 변화되기를 바라고 있는 것이다.

새로운 삶의 방식이 필요하다

지금까지의 생활에서 환경을 보전하려는 노력도 필요하지만 세상을 변화시키려면 이제는 더 적극적인, 한 걸음 더 나간 방법이 필요하다. 세상을 바꾸는 삶의 방식은 예를 들면 다음과 같다.
 - 과소비문화에서 적정소비문화로 바꾼다. 현대 문명의 위기는 대량생산, 대량소비를 기본으로 하는 물질 소비 문명이 원인이다. 누가 더 많이 생산하고 소비하는가에 따라 부의 축적이 가능하고 이것으로 선진국, 후진국으로 나뉜다. 부의 편중의 원인이다. 이러한 현대 문명의 문제는 검소한 생활, 적정한 수준의 소비, 미니멀리즘(minimalism)을 실현함으로서 해결의 실마리를 찾을 수 있다.
 - 환경단체 활동에 참여하고 지원한다. 이렇게 함으로서 환경문제에 계속 관심을 가질 수 있고 환경문제의 해결에 조금이라도 힘을 보탤 수 있다. 또 기업과 정부를 대상으로 환경보전 정책 제안에 참여할 수 있다.
 - 건물의 냉난방, 조명, 요리 등에 사용하는 에너지와 그로 인해 발생하는 이산화탄소도 상당량이라고 하니 여기에도 관심 가져야 한

다. 에너지를 절약할 수 있는 방법은 오래 전 이야기이다. 이제는 외부에서 에너지를 공급하지 않아도 자급할 수 있는 건물이 화두이다.

- 개도국에 관심을 갖고 개도국에 친구를 만들면 늘 관심을 가질 수 있고 기회가 되면 협력하거나 지원할 수 있다.

- 청소년은 관련 직업에 관심이 있다. 환경에 관련된 직업은 간접적인 방법까지 포함하면 상당히 많다. 단순히 돈을 버는 것이 목적이 아니라 선한 일에 참여한다는 생각으로 살펴보면 적합한 직업, 직장이 많이 있다.

2.2 적정기술이 필요하다

지금까지는 기술이 물질문명의 가속화에 따라 경제발전, 개인의 부 축적에 기여했다고 하면, 향후 단점을 줄일 수 있는 방법으로 인류애에 바탕을 둔 기술의 발전으로 진화해야 한다.

70억 인구 중 절반이 가난하게 살고 있다. 먹을 것이 모자라고, 병에 걸려도 치료를 받는 것이 어렵다. 학교 교육을 받는 것도 쉽지 않다. 여러 환경이 열악하다. 이렇게 소외된 이웃을 위한 기술이 필요하다. 70억 명은 대략 중국과 인도가 25억 명, 미국, 유럽, 러시아, 아시아 일부 국가가 20억, 그리고 아시아, 아프리카, 남미의 개도국 인구가 25억 명이다. 중국과 인도는 어느 정도 스스로 할 수 있는 여건이 되어가지만 25억 명의 개도국 국민은 교육, 환경 등 모든 분야에서 도움을 필요로 하고 있다.

이들은 사용 목적에 따라 첨단 기술도 필요하고 오래된 기술도 필요하다. 소위 적정한 기술, '적정기술 (appropriate technology)'이 필요하다. 개도국의 시골에서 상수도 설비는 미래의 일이다. 당장 마실 수 있는 깨끗한 물이 필요하다. 전기는 공급되지 않지만 TV를 볼 수 있고 컴퓨터를 쓸 수 있는 에너지는 필요하다. 어떻게 하면 좋은가? 여기에 대한 해답으로 적정기술을 보급하고 있다.

아프리카 탄자니아 초등학생의 약 40%가 중학교에 진학하고, 중학생의 약 30%가 고등학교에 진학한다. 이러한 교육의 실태는 탄자니아 국민의 상당수가 고등교육을 받지 못하고 이것은 국가발전의 한계로 지적되고 있다. 이들에게 교육의 기회를 제공하는 방법은 무엇인가? 오래 전 우리나라에서는 야학이 이러한 역할을 담당하였다. 현재는 IT기술의 발달로 현지에 컴퓨터를 인터넷에 연결할 수 있으면 학생들에게 좀 더 나은 교육을 제공할 수 있다. 탄자니아에서 학교 교사들에게, 대학원생들에게, 그리고 중고등학교에 진학하지 못한 이들에게 교육의 기회를 제공하는 이들이 있다. 탄자니아에서 활동하는 우리나라 적정기술 단체가 이러한 일을 담당하고 있다.

기후변화로 전염병이 증가한다. 미세플라스틱으로 인한 피해는 연구 대상이다. 쓰레기로 인한 대기오염과 수질오염은 많은 사례가 있다. 미세 먼지도 마찬가지이다. 예를 들어 대기오염의 하나인 미세먼지로 인하여 호흡기 질병이 많이 생긴다. 대략 우리나라 미세먼지의 절반은 중국에서 날아오고 절반은 우리가 배출한다. 미세먼지는 장기적으로 석탄, 석유로부터 에너지를 얻는 방법을 바꾸고, 경유, 휘발유 자동차를 친환경 자동차로 바꾸면 문제가 어느 정도 해결될 수 있을 것이다. 그러나 그때까지 20-30년이 걸릴테니 문제이다.

질병에 걸리지 않도록 예방하는 것이 중요하다. 이를 위해서는 깨끗한 보건 환경, 백신의 공급이 필요하다. 그리고 말라리아, AIDS 등 병에 걸리면 치료해 주어야 한다. 말라리아 경우에는 말라리아를 옮기는 모기를 퇴치해야 한다. 의료 기술을 환경관련 질병으로부터 인간을 보호하고 지키는데도 사용하여야 한다. 가난한 나라에서 병에 걸리면 9/10이 외과적 수술을 못 받아서 사망한다고 한다. 심장 수술은 어렵지만 일반적 외과 수술도 할 수 있는 의사가 별로 없는 듯하다. 외과적 수술을 받을 수 있도록 도와줄 필요가 있다.

우리나라에 UN백신연구소가 있다. 백신의 연구개발 및 보급을 촉진하기 위한 일을 한다. 백신을 개발하는 것도 중요하지만 백신을 보급하는 것도 큰일이라고 한다. 백신은 차갑게 운반하고 보관해야 하는데(cold chain이라고 함) 개도국의 경우 냉장 운반 도구가 부족하고 냉장고가 없는 지역도 많아서 백신을 접종하는 것이 쉽지 않다고 한다. 그래서 먹는 백신, 패치형 백신 등을 개발하고 있지만 쉬운 일이 아니다. 나는 이런 사정을 서울대 기계공학부의 안성훈교수팀에게 이야기하였다. 그랬더니 오토바이에서 전기를 공급 받아 사용하는 소형

냉장고를 제작하여 아프리카에 보급하기 시작하였다. 몇 년 전 탄자니아에서 그곳 봉사자에게 백신 운반과 저장을 겸한 운반 장치를 전달하였는데 지켜보던 저자도 기뻤다.

에너지와 물을 얻는 적정기술

태양광을 이용하여 오염된 물을 식수로 정화할 수 있는 '솔라볼(Solar Ball)' 정수기가 소개되었다. 우리나라의 산업디자이너가 개도국에서 더러운 물이라도 먹어야하는 현실을 보고 고안한 것이다.

온도가 40도가 넘어가는 지역이 많다. 전기 없이 작동하는 '에코쿨러(EcoCooler)' 냉방장치가 소개되었다. 페트병과 합판으로 만든 것인데 단열팽창의 원리를 이용하여 실내 온도를 5도 낮추는 효과가 있다고 한다.

최근에는 사막에서 물을 얻는 방법도 소개되고 있다. 새벽에 거미줄에 이슬이 맺히는 원리를 응용하면 사막에서도 아침에 식수 정도의 물을 얻을 수 있다.

여행용 태양광 발전 장치도 있다. 가방 바깥 면에 태양광 패널을 붙여서 여행용으로 만들 수 있다. 필요하면 가방을 냉장고처럼 사용하면 된다. 백신 등 저온에서 보관해야 하는 물건을 넣어 운반할 수 있다. 운반 후에는 냉장고처럼 보관용으로 사용하면 좋다.

풍력 발전장치, 수력발전 장치를 소형으로 만들면 여행용으로 에너지를 얻을 수 있다. 바람이 강한 곳 또는 시냇물이 있는 곳에서 전기 에너지를 얻을 수 있다.

에코쿨러 냉방장치

솔라볼 정수기

　개도국이 아니라 우리나라도 첨단 기술 제품만 사용할 것이 아니라 적정기술 제품이 필요할 수 있다. 최첨단 제품이 아니라 효능이 쓰기에 별 불편하지 않은 제품을 선호하는 이들도 많다. 효능만 생각하는 기술과 제품이 아니라 환경을 동시에 생각하는 기술과 제품, 가난한 이들의 주머니 사정도 생각하는 기술과 제품이 필요하다. 어떤 기술 어떤 제품이 필요한가 생각해보자.

#인터뷰 : 장수영교수 (포항공대)

적정기술을 어떻게 정의하십니까?

적정이라는 단어는 '지나침 없이 딱 맞다.'라는 뜻입니다. 그렇다면 지나친 기술이 있기에 적정기술이라는 말이 의미를 가지는 것이 아닐까 생각합니다.

화석 연료, 플라스틱, 원자력은 지금 우리 삶의 안락함을 지탱해주는 기술들이지만, 우리 미래에 심각한 위협이 됩니다. 어떤 첨단 기술은 개발에 엄청난 규모의 인력과 자원이 소모되지만 그 결과물은 구매력을 가진 소수의 사람들만 누릴 수 있습니다. 이런 점들이 지나침이라 생각한다면, 친환경적이고, 보다 많은 사람들이 널리 활용할 수 있는 기술이 적정기술이 아닐까 생각합니다.

적정기술과 환경은 어떤 관계인가요?

우리가 향유하는 거의 모든 기술들은 우리와 우리의 후손들이 모두 향유해야 할 하나뿐인 지구 환경에 부정적인 영향을 끼치고 있다고 해도 과언은 아닙니다. 하지만, 이런 이유로 과학기술 문명을 모두 버리고 자연으로 돌아가려는 극단적인 해결책은 현실적이지 못합니다. 반면에 아직은 어려워도 언젠가는 모든 과학기술이 환경에 친화적으로 될 것이라 생각하는 것도 지나친 낙관입니다.

결국 한편으로는 우리는 사용해야만 하는 기술들을 지나치지 않게 사용하는 방안을 모색해야 하고, 다른 한편으로는 기술이 만드는 문제를 기술로 해결해 보려는 창의적 생각을 늘 해야 합니다.

기술의 지나치지 않은 활용은 '더 강한, 더 빠른' 해결책을 끊임없이 추구하는 것이 아니라 '이만하면 되었다.'는 넉넉한 마음으로 기술을 대할 때 가능합니다. 이런 마음으로 우리의 생태계가 견딜 만한 수준으로 사용하는 기술은 무엇이든 그대로 적정기술이라 할 수 있다고 생각합니다.

물론 보다 적극적으로 창의적인 생각을 동원하여 현대 과학기술이 초래한 환경 피해를 기술로 해결해 보려는 노력에서 만들어 낸 기술들이 적정기술일 수 있다고 생각합니다.

적정기술 3.0으로 세상을 변화시킬 수 있을까요?

적정기술은 처음엔 착한 마음으로 가난한 사람들에 필요한 과학기술 산물을 만들어 거저 주는 것을 의미했지요. 이때 제공되던 과학기술 산물들을 적정기술 1.0이라 부를 수 있습니다. 적정기술 2.0은 과학기술 산물을 거저 주지 않고, 가난한 사람들도 감당할 만한 가격에 만들어 그 가격을 내는 한 그 과학기술 산물들이 지속적으로 제공되도록 하는 비즈니스와 결합하여 제공되는 과학기술이라 생각할 수 있습니다. 적정기술 3.0은 여기서 한발 더 나아가, 전반적인 사회문제 해결을 도모하는 기술이라 생각할 수 있습니다.

한 대학생이 만들었던 코로나 확진자 추적 앱은 공중 보건 문제를 해결하는 적정기술 3.0의 예라 생각합니다. 아르헨티나의 피아 만시니라는 여성운동가는 민주주의OS라는 앱을 만들어 100% 인터넷 디지털 정당을 만들었는데 이것도 적정기술 3.0이라 생각됩니다. 또한 오픈소스 교육 컨텐츠 플랫폼들도 교육 문제에 대한 궁극적인 해결을 도모하는 적정기술 3.0이라 생각합니다. 좀 더 넓혀 보면, UN이 제시하는 지속가능개발 목표에 기여하는 모든 과학기술 산물을 적정기술 3.0이라 생각할 수 있습니다.

새로운 운동을 리드하고 계시는데, 어떤 보람이 있으신지요?

학부를 졸업하고 유학을 꿈꾸던 시절, 기술을 공부하기로 작정했을 때에 제가 마음에 품었던 꿈은 내가 공부한 과학기술로 세상을 널리 이롭게 하는 사람이 되는 것이었습니다. 그런데, 공부를 마치고 학교에서 교편을 잡고 지낸 첫 십수 년 동안 많은 일을 했지만, 제가 하는 일들은 거의 모두 큰 규모의 연구비를 낼 수 있는 사람들의 필요에만 초점이 맞추어 있다는 생각을 하게 되었습니다.

그래서 공부 시작할 때의 초심으로 돌아가 '과연 널리 이롭게 하는 기술은 무엇일까?'라는 생각에서 적정기술에 관심을 갖게 되었습니다. 사실 적정기술이라는 단어도 모르는 채 가난한 사람들을 먼저 생각하는, 그저 착한, 따뜻한 기술이 있으리라는 막연한 생각으로 나선 길에서 적정기술을 만났습니다.

지난 십수 년의 세월 동안 너무나 많은 사람들이 '적정기술'이라는 단어를 알게 되었다는 것이 가장 큰 보람입니다. 적정기술이라는 것이 기술에 대한 이상적인 생각에서 비롯되었기 때문에 제가 참여했던 거의 모든 적정기술 활동들에 커다란 결과를 얻은 적은 없습니다. 하지만, 이제는 많은 사람들이 그 용어를 알고, 현대 과학기술에 대해 그저 좋게만 생각하지 않고, 환경과 가난한 사람, 소외된 사람들을 과학기술과 함께 생각하게 된 것은 저에게는 큰 기쁨이며 보람입니다.

3   가치관을 바꾼다

'울지마 톤즈 1', '울지마 톤즈 2 : 슈크란 바바'는 이태석신부의 이야기를 소재로 한 영화이다. 이태석신부는 남수단에서 병들고 주리고 배우지 못한 이들을 치료하고 가르치고 함께 살았다. 영화는 2010년 세상을 떠난 그의 삶을 보여준다. 그리고 '부활'은 그의 제자들이 이태석신부에게서 배운 사랑을 세상에 펼치는 모습을 보여주고  있는 영화이다. 이러한 노력이 모여서, 이러한 마음이 합해져서 세상이 바뀌는 것이다. 그래서 우리는 이태석신부를 존경하고 그리워하는지 모르겠다.

3.1 모두의 역할이 중요하다

지속가능발전을 주장해온 미국 컬럼비아대학의 제프리삭스 교수가 지적한 대로 경제, 사회, 환경, 거버넌스가 상호 작용하는 지구 시스템이어야 지속가능한 미래가 있다. 세계의 빈곤과 양극화를 없애고 사회안전망을 구축하여야 지구 환경도 보전할 수 있다.

2021년에는 세계적인 불교 지도자 달라이 라마도 70억 인구의 일체감을 강조하셨다. 종교에서는 생명을 귀하게 여긴다. 최근 종교 단체에서도 환경에 대하여 목소리를 내고 있다. 2020년에는 우리나라 종교계의 6대 종단에서 '기후행동선언'을 하였다. 지구 환경 문제는 환경단체의 역할을 넘어서는 생명의 문제로 인식하여 종교계가 협력을 하면서 신도들과 관련인들의 역할을 강조한 것이다.

2015년 가톨릭의 프란치스코 교황께서는 '찬미받으소서' 라는 회칙을 발표하였는데, 회칙에서는 지구가 고통받고 있는 현실에 대하여 언급하였다. 지구가 울부짓고 있습니다. 하느님께서 선사하신 재화들이 우리의 무책임한 이용과 남용으로 손상을 입었기 때문이라고 언급하면서 우리는 지구를 돌볼 책임이 있다고 우리의 역할을 강조하였다. 교황은 여러 경로로 지구 환경의 문제와 정치가, 과학기술자를 포함하는 우리의 역할에 대하여 말했다.

불교계 지도자의 한 분인 진제 스님은 2022년 신년 법어에서 인류는 자연과 공존하고 하나 돼야 한다고 강조했다. "전세계적으로 창궐한 코로나 질병의 공포와 고통은 인간의 자만심으로 자연에 대한 무분별한 개발과 환경 훼손에 대한 자연의 대응 때문이다."고 진단하였으며 "인간이 자연에 대한 자세를 바꾸고 나와 남이 둘이 아니며 나와 더불어 남이 존재하고 인간과 자연이 둘이 아니며 인간과 자연이 공존하는 만유동일체의 태도를 가져야 한다."고 했다.

종교계는 말씀을 시작으로 적극적으로 새로운 사회, 경제 질서를 위한 캠페인을 리드해주기를 기대한다. 개인주의보다는 이웃을 배려하는 사회로, 신자유주의보다는 공동체 개념을 강조해야 한다.

그림 4.2 문명사회와 환경 이슈. (a), (b) 중에서 어떤 것을 선택할 것인가?

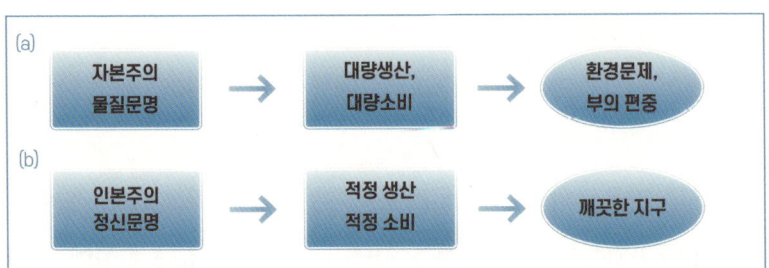

제2부에서는 환경을 살릴 수 있는 기술 개발과 비즈니스에 대하여, 제3부에서는 기술개발과 위기 극복을 위한 연구자, 기업, 시민, 시민단체, 정책, 국제기구, 교육 이슈 등에 대하여 새로운 사고가 필요함을 강조하였다. 어떻게 하여야 지구 환경이 좋아질 수 있을까?

그것의 시작은 지구촌 구성원 모두가 환경 살리기에 동참하는 것이다. 지금보다 더 강하게 협력하고 실효성 있는 정책을 구현할 수 있는 사회가 되어야 한다. 어떻게 해야 그것이 가능할까? 지구 환경 문제의 해결을 위해서는 모든 구성원의 역할이 중요하다.

- 전 시민이 참여하는 환경 보전의 생활화가 밑바탕에 있어야

한다.

　- 환경 단체의 목소리에 귀를 기울인다. 그들은 순수하고 인간적이다. 지원해야 한다. 환경단체는 소극적 역할을 탈피하고 적극적인 실천과 실효성있는 행동이 필요하다. 작은 것 하나라도 실천할 수 있도록 활동하는 것이 중요하다.

　- 모든 교육 과정이 생명을 귀하게 여기는 마음으로 지구를 구하는 일에 앞장설 수 있는 인재를 양성하는 교육이 되도록 한다. 모든 것의 시작은 교육이다. 교육에, 인재의 양성에 투자하고 모든 이들에게 교육의 기회를 제공해야 한다.

　- 인재가 연구에 참여하여 좋은 성과를 낼 수 있도록 과감히 연구를 지원한다, 과학기술자를 우대해야 한다. 그들은 신기술을 창조하고 세상을 변화시키는 주역이다.

　- 기업의 환경보전 활동과 사업이 하나로 연계되도록 경영을 강화한다. 기업에게 자발적으로 참여할 수 있는 기회를 주어야 한다. 기업이 주도적으로 리드하면 변화가 빨리 온다.

　- 정부가 적극적으로 참여하여 기업에 대한 인센티브 등으로 신산업 창출과 환경 보전 활동, 환경 산업이 제공하는 먹거리와 일자리에 대한 기대를 갖도록 해야 한다.

　- 국제기구의 역할을 확대하고 이를 달성하기 위한 지구공동체 개념이 확대되어야 실효성이 있다. 개발도상국의 입장을 반영하는 환경 보전이 되어야 한다. 가난한 이들을 생각해야 한다. 늦으면 문제가 생긴다.

그림 4.3 : 각 구성원들의 역할

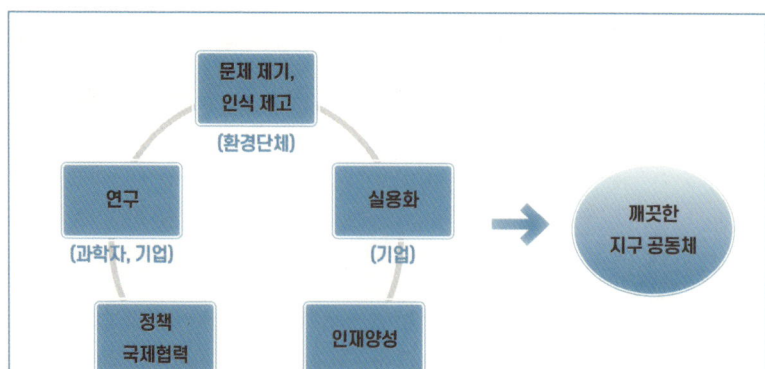

3.2 인본주의 세상을 꿈꾸며

우주 공상과학 영화를 보면 우주에서 온 외계인과 지구인과의 전쟁이 많다. 우리가 잘 아는 스타워즈 (StarWars), 스타트렉 (Star Trek), 우주전쟁 (War of the Worlds), 코스믹 씬 (Cosmic Sin) 등. 거기에서는 지구는 단일 공동체로 되어 지구를 지키기 위하여 우주인과 전쟁을 한다. 공상과학 이야기이지만 우리가 사는 세상이 언젠가는 단일 국가연합의 모습이 되겠다라는 상상을 하게 한다.

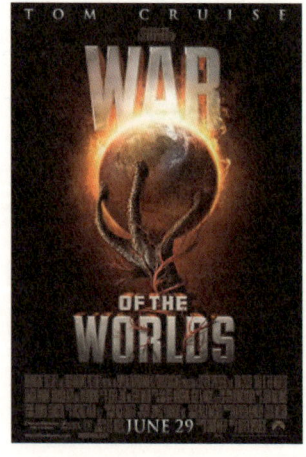

지금도 유럽은 EU라는 국가 연합 형태이다. 전 세계를 그렇게 연결하면 그

래서 공동체라고 하는 마인드가 생기면 지구의 문제들, 환경 문제 등이 좀 더 용이하게 해결될 것이다. 최근 UFO의 존재에 대한 발표가 가끔 있는 것을 보면 상상이 현실로 될 수 있겠구나 기대가 된다.

지구환경을 살리겠다는 목표 그것은 생명 사랑이고 우리 인류의 생존이 걸린 이슈이다. 종교계의 외침으로, 시민의 자발적인 참여만으로 그리고 에너지와 환경 관련 기술을 개발하는 것으로 환경 문제가 없어 질 것이라고 믿는 이들은 없다. 기후변화의 속도는 느려지겠지만 지구 온도는 상승할 것이고, 플라스틱과 생태계 등의 문제가 여전히 인간을 비롯한 생명체에 피해를 줄 것이다. 우리가 웬만큼 노력해서는 현재 상황의 연장선에서 부분적인 해결과 개선 정도가 기대되는, 죽어가는 지구 환경을 연명시키는 정도의 효과만 있을 것 같아 안타깝다.

이러한 협력의 기본은 지구공동체 개념이다. 민주주의, 사회주의, 신자유주의를 넘어서는 경제사회 시스템이 필요하다. 지구는 단일공동체라고 하는 의식이 필요하다. EU 개념으로 지구연합국가를 만들면 좋겠다. 이러한 일은 현실화되기 어렵지만 그러한 꿈을 꾸고 싶다.

지구공동체를 만들 수 있을까?

지구 환경 이외의 이슈들도 이기적인 인간, 자본주의 속성의 기업, 국가의 이익이 지구공동체보다 중요하다고 하는 생각에서 발생되는 것이 대부분이라고 하면, 먼저 지구공동체의 필요성을 공감해야 한

다. 지구공동체 필요성과 개념을 확산시킬 수 있는 것은
  - 세계적인 환경단체의 탄생과 리더십,
  - 세계적인 종교간 협력,
  - UN보다 강한 국가 간 협력체가 중심이 되어

인간의 존엄성, 지구 환경의 중요성에 대하여 실질적인 새로운 그리고 실효성 있는 지배구조(governance)의 필요성을 논해야 한다. 이런 것들은 시간이 많이 소요되고 지금까지의 경험으로 보면 거의 불가능할 수 있다. 그러나 세계의 역사는 끊임없이 변화하고 발전하고 있다. 왕국에서 국가 민주주의, 자본주의 사회로 그러면 다음은 무엇일까? 민주주의와 사회주의를 넘어서는 인본주의 사회가 필요하다. 희망을 갖는다.

지구 공동선을 추구하는 가치관 즉 생명 존중이 인본주의 사회의 시작이다. 대량 생산과 대량 소비의 물질문명에서 지구공동체문명으로 바뀌어야 한다. 그래서 적정 생산과 적정 소비 사회로 바뀌어야 한다.

지금의 환경의 위기를 새로운 먹거리와 일자리가 생기는 기회로만 생각하면 안 된다. 저자도 얼마 전까지만 해도 그렇게 생각했으나 그것으로 환경 문제가 해결되지 않을 것이라는 생각이 들었다. 인류를 위기에서 구하고 행복을 추구할 수 있는 기회로 생각해야 한다. 자유민주주의 추구만으로 환경이 보전되리라고는 생각되지 않는다. 정신적 가치관과 공동체 의식이 자유민주주의와 융합된 그 무엇인가 새로운 세상이 요구된다.

여기에는 과학을 위한 과학, 기술을 위한 기술의 발전이 아니라 인류를 위한 과학과 기술이라는 대명제가 접목되어야 한다. 그래야 환경이 보전되는 새로운 사회의 발전을 과학기술이 리드할 수 있는 것이다.

지금 해야 할 것은 지구 판데믹 선언이다. 이러한 선언으로 모두가 한 마음으로 뭉칠 수 있을 것이다. 일반적으로 국제기구의 회의에는 국가 대표가 참석하고 학자 등은 참고 발언을 한다. 향후 환경단체/학자/종교계 등이 참여하는 자문회의를 만들어 의견을 수렴하고 결정에 참여해야 환경 보전을 위한 확산과 실행에 힘이 실릴 것이다.

가끔 우리는 돌발 사태를 경험한다. 코로나 사태 그리고 우크라이나 전쟁이다. 코로나로 세계가 2년여 동안 정체되어 있었다. 그리고 우크라이나 전쟁으로 기후변화 방지를 위한 에너지 정책은 의미가 퇴색했다. 거꾸로 독일 등 많은 국가가 에너지 확보를 위해 석탄 발전으로 회귀했고 정유사들은 큰 수익을 내고 있다. 이제는 중국, 러시아 대 EU, 미국의 신냉전 상황이 되어가니 걱정이다. 자국의 이익이 평화와 환경 이슈를 삼키고 있다.

우리는 코로나19가 가져온 판데믹을 극복하는 단계에 있다. 전쟁도 언젠가는 끝나고 새로운 평화의 시대가 열릴 것이다. 그러면 다시 환경과 기후변화에 관심이 집중될 것이다. 잃어버린 시간을 만회해야 하는 과제가 하나 더 생겼다.

동시에 우리는 인공지능, 메타버스 (가상현실) 시대를 맞고 있다. 의료바이오 기술의 발달과 식생활 개선으로 장수시대가 오고 있다. 특별히 UN은 지속가능한 발전을 통한 저개발국의 어려운 이들에게 인간다운 삶을 제공하기 위하여 노력하고 있는 새로운 시점이다. 인류가 갖고 있는 모든 자산과 기술 그리고 노력을 인본주의 사회를 통한 지구 환경 살리기에 집중해야 한다. 그래서 새로운 사회를 건설해야 한다. 이것이 우리의 꿈이다. 새로운 기술의 개발과 실용화 그리고 인간 존중에 바탕을 둔 새로운 사회시스템만이 우리 인류의 생존과 번영을 보장할 것이다.

이러한 상황의 인식이 환경 보전의 시작이다. 나는 무엇을 할 수 있는지, 우리는 무엇을 해야 하는지 같이 고민하고 노력해야 할 때이다.

참고 도서/자료

* 빌 게이츠, 기후재앙을 피하는 법 (김영사, 2021)
* 김용환 등, 탄소중립 (씨아이알, 2021)
* 최기련, 에너지와 기후변화 (자유아카데미, 2018)
* 공우석, 왜 기후변화가 문제일까? (반니, 2018)
* 월드워치, 기후의 역습 (월드워치연구소, 2009)
* 조지아 암슨-브래드 쇼, 플라스틱 지구 (푸른 숲주니어, 2019)
* 유영제, 바이오산업혁명 (나녹, 2021)
* 유영제, 적정기술이 만드는 아름다운 세상 (나녹, 2019)

* 국민일보, 조선일보 등 신문
* BBC, KBS 등 TV 매체
* Naver, Google, YouTube 등 인터넷
* SciDev.Net
* Springer Nature
* 사이언스타임즈 (Sciencetimes)
* Science, Nature 등 학술지
* BioIn Watch (생명공학정책연구센터)
* 한국생명공학연구원, 한국화학연구원, 한국환경연구원
* 환경관리공단, 환경산업기술원
* 환경정책평가연구원, 과학기술기획평가원
* KOICA
* BASF, LG화학 등 기업
* UNEP, UNESCO 등 국제기구
* GreenPeace, 환경운동연합 등 환경 단체

찾아보기

「Alliance to End Plastic Waste」 49
『기후재앙을 피하는 법』 65
「성장의 한계」 5, 22
『소비의 사회』 205
『소유의 종말』 205
『행복의 역설』 205
1회용 플라스틱 34, 35, 50

BBC 170, 227
C1가스 리파이너리 사업단 91
CCS 89
COP26 95, 175
Environmental Defense Fund 173
ESG 12, 141, 148, 149, 150
GM나무 92
Green Peace 166, 169
IPCC 94, 175, 179
MDG 174, 188, 189
MWW 133
North vs. South 176
PBS 75, 76
PET 37, 38, 39, 49, 54
PET분해 미생물 38
PE 비닐봉지 40
PHA 43, 44, 49, 72, 75
PLA 43, 70, 72, 75, 140
RE100 148, 149
REDD 92
SDGs 174, 188, 205
The Climate Reality Project 169
Three Mile Island 81, 83
UN 20, 24, 48, 50, 57, 73, 104, 105, 106, 120, 155, 168, 171, 173, 174, 178, 186, 188, 190, 212, 216, 224, 226, 227
UN 기후변화협약 174
UN백신연구소 212
Worldwatch Institute 166, 169
WWF 170

ㄱ

가격 경쟁력 44
가스화 49, 50
가족 농 134
가축 94, 100, 110, 118, 129, 130, 131
가축의 분뇨 94, 110, 129
감염병 11, 118
개도국 12, 13, 34, 56, 92, 94, 104, 105, 106, 107, 110, 114, 129, 147, 148, 172, 175, 176, 177, 178, 183, 188, 200, 210, 211, 212, 213, 214
개미산 89, 90, 91
개발도상국 25, 105, 114, 115, 126, 221
거북이 16, 35, 36, 41
건기 100, 101, 200
고래 16, 36
공동체 개념 220, 221, 223
공무원 106, 107, 138, 147, 156, 157, 158, 176, 187, 188, 191
공장폐수 99, 109, 113
과소비문화 209
과학기술자 28, 113, 117, 145, 191, 219, 221
과학기술 전망 173
과학자 18, 20, 21, 28, 38, 90, 117, 138, 143, 174, 175, 185, 201, 222
교토의정서 95, 105, 174, 175
국가에너지위원회 81
국가 예산 59
국제농업식량기구 48
그레이 (grey) 수소 67
그레타 툰베리 185, 186
그린란드 95
그린 워싱 150
그린피스 36, 168, 169
그린 (green) 수소 67
그물 41, 56
근무 여건 181, 182
글래스고 기후회의 6

기술개발 8, 12, 13, 17, 44, 45, 66, 79, 81, 115, 116, 137, 138, 143, 155, 197, 220
기업의 사회적책임 150
기초 연구 139, 143, 197, 199

ㄴ

나프타 48, 54
내연기관 차량 85
녹색기후기금 147, 155, 190
녹조 89, 93, 99, 109, 110, 186
녹조류 89, 93
농업생산성 24, 202
농업용수 99, 105
누적배출량 172

ㄷ

다당류 42, 126
다이옥신 124
달라이 라마 219
대량생산 24, 209, 220
더 클라이밋 그룹 149
듀폰 142, 153, 154

ㄹ

러브 캐널 사건 127
레이첼 카슨 22
로렉스 98
로마클럽 5, 22
롤스로이스 77

ㅁ

마셜군도공화국 63
매립 34, 46, 123, 124, 125, 126, 127, 190
먹이사슬 36, 46
멀칭필름 35, 46, 48
메탄가스 11, 65, 94, 95, 96, 97, 126, 129, 130, 131, 199
메탄올 89, 96

메탄자화균 96
몬트리올 의정서 19, 20
물-에너지 넥서스 116
물연구교육센터 106
미나마타병 111
미니멀(minimal) 소비 208
미생물농법 131
미세먼지 25, 212
미세플라스틱 6, 17, 23, 35, 36, 45, 46, 47, 48, 49, 50, 56, 58, 59, 74, 75, 200, 204, 211
미세플라스틱 연구센터 45
미세플라스틱의 독성 46
민더루재단 75

ㅂ

바다거북 41
바스프 12, 68, 139, 140, 141, 142
바이오 기술 27, 40, 50, 198, 199, 201, 226
바이오기술 5, 7, 27, 71, 126, 142, 203
바이오디젤 86, 87, 118, 160, 161, 198
바이오매스 69, 70, 71, 73, 74, 76, 87, 148
바이오에탄올 86, 118, 159, 198
바이오인증제 148
바이오프리퍼드 프로그램 148
바이오플라스틱 55, 71, 74, 76, 96, 97, 148
바이오화학 69, 70, 71, 72, 73, 74, 75, 76, 148, 156, 187, 196, 198
바이오화학연구센터 76
발효공장 165, 166
배터리 84, 196
벼농사 94
보얀 슬랫 58, 59, 186
분뇨 문제 129
블루(blue) 수소 67
비소 103, 106, 113
빌 게이츠 65, 77, 227
빗물 100, 101, 103, 108, 112, 126
빙하 60, 61, 95, 120, 202

ㅅ

사과 재배지 61

사우디아라비아 6, 79
사회적 기업 105, 108
산성비 112
산업경쟁력 63
산업부처 156
산업사회 25
산업혁명 24, 25, 82, 132, 179, 201, 227
산호초 90, 120, 121, 122
생명 존중 224
생물다양성에 관한 협약 120
생물학적 회복 127
생분해성고분자연구회 42
생분해성플라스틱 6, 36, 50, 53, 147, 149, 150, 156
생태계 2, 5, 6, 7, 11, 21, 28, 29, 32, 36, 48, 56, 57, 63, 73, 75, 93, 98, 110, 115, 118, 119, 120, 121, 131, 133, 134, 144, 147, 148, 154, 170, 174, 186, 196, 215, 223
생태계 위험종 121
생태 여행 180
서울환경영화제 207
석유 6, 24, 48, 54, 67, 69, 70, 71, 72, 73, 74, 75, 76, 77, 79, 82, 85, 86, 87, 96, 123, 140, 160, 196, 198, 212
석유화학 6, 24, 48, 54, 69, 70, 71, 72, 73, 74, 75, 76, 140, 196, 198
석유화학 회사 48
석탄 발전 27, 78, 177, 178, 225
석탄 발전소 27
석탄화학 70, 140
선진국 18, 19, 62, 80, 83, 92, 105, 114, 128, 129, 156, 157, 171, 172, 174, 175, 176, 177, 178, 209
세계 물 문제 102
세계생물다양성의 날 120
세계환경연합 NGO 168
셀룰로오스계 바이오매스 73, 76
소각 37, 53, 69, 71, 124, 125, 126
소비자 38, 44, 45, 51, 54, 140, 144, 145, 148, 150, 167
소형모듈원전 77, 79, 82, 196
'솔라볼(Solar Ball)' 정수기 213
수소 66, 67, 85, 89, 95, 198
수소자동차 85
수술용 봉합사 42

수자원 98, 99, 102, 103, 106, 114, 115, 116, 190, 198
수확량 46, 62, 99, 100
스마트 농업 129
스마트 팜 129
스타워즈 222
식수 문제 183
실용화 19, 21, 40, 42, 72, 76, 79, 84, 88, 96, 138, 139, 143, 147, 155, 156, 175, 195, 196, 199, 222, 226
쓰레기 매립장 34
쓰레기 배출 51

ㅇ

아보카도 102, 186
아크릴 45, 56, 70, 71, 72
아키카본캡쳐 88
알긴산 42, 71
암모니아 85, 128, 140
야생동물 118, 169
야자나무 껍질 160
야자유 87, 118, 160, 161
업사이클링 50, 53, 207, 208
에너지기술연구원 49, 88, 90
에코쿨러(EcoCooler) 213
에티오피아 25, 100, 101
여행용 태양광 발전 213
열대우림 87, 118, 160, 161
영화 33, 34, 60, 61, 98, 123, 206, 207, 218, 222
오션 클린업 회사 59
오존층 6, 7, 8, 16, 17, 18, 19, 20, 21, 143
옥수수 24, 43, 69, 86, 87, 99, 100, 101, 159
온난화 가스 65, 88
온산공단 12, 152, 163
온실가스 27, 65, 94, 105, 131, 156, 172, 175, 187, 190, 202
우기 100, 101, 127, 131, 202
우리의 꿈 226
우수 인재 138, 155, 178, 180, 181, 186, 197
울지마 톤즈 218
원유 유출 사고 123
원자력 발전 26, 77, 81, 82, 83, 178, 199
원자력의학원 47

유기농 23, 128, 131, 132
유기농업 128, 131
유네스코 106
유엔기후변화 컨퍼런스 95
유엔 인권이사회 174
유엔환경계획 59, 120
유엔환경회의 36, 173
유전자가위 92
유채꽃 161
융복합 교육 182
의료 기술 212
이따이이따이병 111
이산화탄소 포집과 처리 연구개발센터 89
이상기온 23
이태석신부 218
인공광합성 84, 85, 91, 198
인공광합성연구센터 85
인공육 94, 95, 130, 131, 198, 199
인공지능 16, 25, 77, 78, 82, 201, 203, 225
인도 12, 87, 99, 112, 118, 128, 135, 160, 171, 172, 175, 177, 210
인본주의 13, 194, 220, 222, 224, 226
인센티브 42, 45, 51, 92, 144, 145, 147, 148, 150, 156, 191, 196, 197, 199, 206, 221
일기 예보 195
일산화탄소 88, 89, 90, 91

ㅈ

자연농업 131, 133, 134
자연생태계 73, 118
재난에 대비 13, 201, 202, 204
재활용 33, 37, 38, 39, 42, 50, 53, 54, 55, 103, 114, 115, 125, 148, 191, 196, 198, 207, 208
적정기술 190, 191, 210, 211, 213, 214, 215, 216, 217, 227
적정기술 1.0 216
적정기술 2.0 216
적정소비문화 209
적조 109, 110
전기로 67
전기자동차 65, 77, 82, 85, 144, 146, 172, 196

전분계 바이오매스 73
전주기 환경 영향 71
젖산 43, 70, 72
제철기업 66
제프리삭스 218
종말처리장 153, 163
종이 빨대 50
주요 일자리 187
중국 12, 26, 33, 34, 99, 116, 126, 135, 159, 171, 172, 173, 175, 177, 210, 212, 225
중금속 23, 47, 103, 106, 111, 112, 113, 114
중금속 흡착제 113
지구공동체 221, 223, 224
지구온난화 17, 90, 99, 105, 160, 179, 209
지구 판데믹 선언 225
지하수 103, 109, 112, 113, 126, 154
진제 스님 219

ㅊ

창의성 180, 181
철강석 66
청소년 7, 9, 180, 184, 185, 186, 189, 201, 210
청정개발체제 105
청정오일 54
체르노빌 원자력발전소 81
총량규제 154
취업 기회 186
친환경 옷 38
침묵의 봄 22

ㅋ

카밀로 비치 57
커피찌꺼기 183
코피 아난 19
클라임웍스 88

ㅌ

탄산염 90
탄소국경조정세 146

탄소배출권 92, 105, 144, 146, 147, 206
탄소세 144, 146, 150, 178
탄소 중립 6, 71, 74, 82, 172, 176
탄자니아 135, 211, 213
탄화수소 89
태안반도 123
태양광 6, 67, 79, 84, 85, 104, 144, 187, 196, 198, 199, 213
텀블러 6, 53, 191, 206
테라파워 77
토양개량제 125
퇴비 38, 92, 125, 126, 129, 198, 199
퇴비화 방법 125
투모로우 60, 206
툰드라 95

ㅍ

파리 조약 6, 176
패션쇼 207, 208
펀드 147
폐플라스틱 46, 48, 49, 50, 54, 148
포스코 66, 68, 181
폴리에스테르 37, 43, 44, 56, 76
프라이탁 208
프란치스코 교황 219
프레온가스 17, 18
플라스틱 문명 11, 33, 34, 35
플라스틱 분해 미생물 40
플라스틱 세 51
플라스틱제로 6, 11, 54, 56
플라스틱제로운동 56
플라스틱 차이나 33
플라스틱 협약 37
플루란 42
피톤치드 93
핑크 뮬리 121

ㅎ

한국과학기술연구원 18
한국에너지연구원 54
한국화학연구원 73, 76, 227
한·일 국제환경상 179

합성섬유 35, 56
해수담수화 103, 104, 115, 116, 129, 196, 200
해수면 63, 64, 95, 202, 203
해수면 문제 64
해양생태계 보호 57
해양쓰레기 57
해조류 42, 95, 122
해초 114
핵심 기술 6, 91, 97, 197
핵융합발전 82, 84
핵폐기물 82, 169
현대 문명 28, 29, 205, 209
현재의 배출량 172
화력 발전 26
화학기술 71, 72, 128
화학 기업 140, 187
환경공학과 187, 189, 190
환경과공해연구회 153, 163, 164, 166
환경교육 12, 182, 184
환경단체 7, 12, 17, 20, 21, 22, 36, 128, 138, 144, 150, 153, 163, 164, 166, 167, 168, 169, 170, 177, 209, 219, 221, 222, 224, 225
환경단체 활동 209
환경문제 6, 8, 16, 22, 23, 33, 34, 55, 56, 124, 138, 141, 143, 153, 155, 164, 166, 209, 220
환경부처 156
환경산업 156, 227
환경세 157, 168
환경영향평가 116
환경운동 5, 81, 153, 164, 165, 168, 169, 186, 207, 227
환경운동연합 164, 169, 227
환경정책 21, 152, 154, 169, 179, 227
환경친화적 플라스틱 44
환경 파괴 17, 36, 201
환경호르몬 23, 124
활성오니 110, 111
활성오니 방법 110, 111
활성탄 흡착방법 154
회복 17, 20, 120, 127, 195
효소 38, 39, 40, 74, 90, 91, 126
효소 개량 40
후쿠시마 원자력발전소 81